Virginia Vail

Tierarzt-Praxis Birkenallee 7

RETTET DAS TIERHEIM!

Illustriert von Ines Vaders

Schneider-Buch

CIP-Titelaufnahme der Deutschen Bibliothek

Vail, Virginia:
Tierarzt-Praxis Birkenallee 7 / Virginia Vail. [Übers. aus d. Amerikan.: Renate Navé]. - München : F. Schneider.
Einheitssacht.: Animal inn ‹dt.›

Bd. 5. Rettet das Tierheim! - 1989
Orig.-Ausg. u. d. T.: Vail, Virginia: Adopt a pet
ISBN 3-505-09877-9

Schneider-Buch

8000 München 40 · Frankfurter Ring 150

Übersetzung aus dem Amerikanischen von Renate Navé, München
Originaltitel: ANIMAL INN — ADOPT-A-PET

Published by arrangement with SCHOLASTIC INC.
Umschlagbild: Richard Williams
Umschlaggestaltung nach der Konzeption von Angelika Bachmann, München
Illustration: Ines Vaders, München
Herstellung: Gabi König
Satz/Druck: Presse-Druck Augsburg
ISBN: 3 505 09877-9

Teddy kniete neben dem Karton und steckte seine Hände hinein, mit denen die Kätzchen neugierig spielten. „Du, Paps, vielleicht könnten wir sie ..."

„Ja, Paps!" unterbrach Linda ihren Bruder. „Wir könnten sie doch eine Weile bei uns aufnehmen."

„Das hat uns gerade noch gefehlt!" stöhnte der Tierarzt. „Als ob ein Kater, zwei Hunde, vier Kaninchen, vier Hamster, eine Ente und Teddys Küken nicht schon genug wären! Nein, jetzt sollen auch noch vier Katzenbabys hinzukommen!"

„Doch nicht für immer", versuchte Linda ihn zu beschwichtigen. „Nur so lange, bis wir ein neues Zuhause für sie gefunden haben."

Inhalt

Das Tierheim brennt

Still und friedlich lag das alte, aus Stein erbaute Landhaus der Tierarztfamilie Taylor da. Es war eine laue Frühlingsnacht, und alles schlief fest. Linda lag zusammengerollt in ihrem Bett, das sie mit dem Kater Cleveland teilte. Sie träumte gerade, daß sie auf Gray Ghost über die Felder preschte, den Wind in dem langen kastanienbraunen Haar. Da näherte sich der Grauschimmel einer hohen Steinmauer, aber Linda fürchtete sich nicht, denn in ihrem Traum war Ghost wieder jung, und der graue Star, der das Sehvermögen des alten Wallachs stark beeinträchtigt hatte, war wie durch ein Wunder geheilt. Gray Ghost flog förmlich über die Felder, als hätte er Flügel, und sprang dann leichtfüßig über die Mauer wie einst, als er noch ein berühmtes Springpferd gewesen war.

Doch dann verwandelte sich plötzlich das Feld in einen Turnierplatz, und eine riesige Menschenmenge jubelte Linda zu, als sie mit Ghost im versammelten Trab auf die Mitte des Turnierplatzes zuritt. Eine Dame in einem blauen Kleid steckte Ghost eine rote Rosette an das Stirnband und überreichte Linda einen schweren Silberpokal. Linda nahm ihn glückstrahlend und voller Stolz entgegen. Der Beifall wurde immer stürmischer und vermischte sich schließlich mit Glockengeläute...

Rrrrrrrr...

Linda öffnete zuerst ein Auge, dann das andere.

Irgendwo läutete es. Es war das Telefon draußen im Flur. Sie warf einen flüchtigen Blick auf den Wecker und sah, daß es kurz nach Mitternacht war. Anrufe zu so später Stunde waren nicht ungewöhnlich im Haus des Tierarztes. Die Patienten ihres Vaters suchten sich nicht gerade die günstigste Zeit aus, wenn sie krank wurden oder Junge bekamen. Linda, die später einmal Tierärztin werden wollte, hatte vollstes Verständnis dafür, daß man bei diesem Beruf auch noch nachts aus dem Bett geklingelt wurde. Wer mochte es bloß sein? fragte sie sich. Ob die Dackelhündin der Williams' schon ihre Jungen bekam? Herr Williams war schrecklich aufgeregt, denn es war schließlich das erste Mal, und Linda und ihr Vater hatten sich schon auf ein Riesentheater eingestellt.

Linda stupste Cleveland beiseite und setzte sich auf. Dann torkelte sie schlaftrunken zur Tür. Doch als sie sie öffnete, hörte sie bereits die Stimme ihres Vaters.

„Ja, Doktor Taylor am Apparat. Nein, ich habe noch nicht geschlafen... Selbstverständlich komme ich, wenn es dringend ist. Ich bin in einer Viertelstunde da..."

„Paps?" fragte Linda, die mit einemmal hellwach war. „Ist es wegen Fritzi Williams? Ist es schon soweit?"

Ihr Vater schüttelte den Kopf. „Nein, es war George Frick, der Wärter des städtischen Tierheims. In dem Trakt, in dem die Hunde untergebracht sind, ist ein Feuer ausgebrochen, das bereits auf den Teil, in dem die Katzen untergebracht sind, übergreift. Die Feuerwehr wurde schon verständigt, sie muß jeden Augenblick eintreffen. Einige Tiere haben schwere Brandverletzungen erlitten. Ich muß sofort los..."

„Ich komme mit!“ rief Linda ihrem Vater zu und stürzte in ihr Zimmer, um sich in Windeseile anzuziehen. Der Gedanke, daß hilflose Katzen und Hunde und womöglich eine Menge junger Tiere in den Flammen den Tod fanden, war ihr schier unerträglich. Ihr Vater war Vorstandsmitglied des Tierschutzvereins, und Linda wußte von ihm, wie überfüllt das Tierheim war und daß es dringend mehr Platz für die Unterbringung weiterer Tiere benötigte.

Seit Jahren war man bemüht, Spendengelder für den Ausbau des Tierheims einzutreiben, aber sie reichten noch nicht aus, um mit dem Bau zu beginnen. Inzwischen platzte das Tierasyl aus allen Nähten.

Als Linda wenige Minuten später, mit Jeans und einer Flanellbluse bekleidet, ihr Zimmer verließ, sah sie ihre elfjährige Schwester auf dem Flur stehen, die sich verschlafen die Augen rieb.

„Was ist denn los?“ brummte Erin.

„Alles in Ordnung, Erin“, sagte Linda und führte sie an der Hand in ihr Zimmer zurück. „Geh wieder ins Bett. Ich fahre mit Paps zum Tierheim – es ist ein Feuer ausgebrochen. Wir kümmern uns um die Tiere. Mach dir keine Sorgen.“

„Ein Feuer?“ fragte Erin ängstlich. „Wie schrecklich!“

„Ja“, sagte Linda. „Aber Paps ist der beste Tierarzt und weiß, was zu tun ist. Schlaf jetzt wieder. Wir sind bald zurück.“

„Das ist ganz unmöglich“, sagte Erin, dabei fielen ihr schon im Stehen die Augen zu. Als sie wieder in ihrem Bett lag, schlich Linda auf Zehenspitzen hinaus. Um Teddy brauchte sie sich jetzt nicht zu kümmern, der schlief wie ein Murmeltier.

„Kommst du, Linda?“ rief ihr Vater von unten herauf.

„Ja, Paps, sofort“, erwiderte Linda mit gedämpfter Stimme und zog sich eine Strickjacke über. Obwohl es schon Mai war, konnte es nicht schaden, wenn sie etwas Warmes anhatte.

Sunshine, der goldbraune Cockerspaniel, folgte ihr schwanzwedelnd die Treppe hinunter. Jocko, ein schwarz-weißer Mischlingshund, schlief mit Sicherheit auf Teddys Bett. Linda tätschelte Sunshines Kopf und sagte zu ihm, er solle gut auf das Haus aufpassen. Dann rannte sie hinaus, denn ihr Vater wartete bereits in dem Kombiwagen. Linda nahm auf dem Beifahrersitz Platz und schnallte sich an. Dann fuhren sie den schmalen Kiesweg zur Landstraße hinauf, die um diese Zeit so gut wie nicht befahren war.

Linda starrte in die Dunkelheit, die nur von den Scheinwerfern des Wagens erhellt war. „Kannst du nicht mehr Gas geben?“ fragte sie ihren Vater besorgt.

„Können schon, aber ich will nicht“, erwiderte dieser. „Wenn wir einen Unfall bauen, können wir den armen Tieren sicher nicht helfen.“ Er warf Linda einen kurzen Blick zu. „Ich hätte dich nicht mitnehmen sollen“, sagte er mit einem tiefen Seufzer. „Aber ich brauche deine Hilfe, und du bist nun mal meine beste Assistentin.“

Wie gut taten doch die Worte ihres Vaters, und Linda spürte, wie sich der Knoten in ihrem Hals löste.

„Ich brauche nicht viel Schlaf“, sagte sie. „Außerdem ist morgen Sonntag, da kann ich ausschlafen. Und du weißt ganz genau, daß ich es nicht im Bett ausgehalten hätte, während du dich um die verletzten Tiere kümmerst. Hoffentlich ist keines gestorben!"

„Ja, das hoffe ich auch, Linda", sagte der Tierarzt. „George sagte mir am Telefon, er habe sofort alle Käfige geöffnet, sowie er den Rauch bemerkt hatte. Die meisten Tiere seien rausgelaufen und die, die vor Schreck wie gelähmt waren, habe er eines nach dem anderen ins Freie getragen. Aber diese alten Gebäude brennen wie Zunder, und im Nu griffen die Flammen um sich. Mach dich auf das Schlimmste gefaßt, Kleines, und bewahre einen kühlen Kopf. Gefühlsausbrüche sind jetzt fehl am Platz. Nimm dich also zusammen."

„Ich versprech' es dir, Paps", sagte Linda. „Ich muß es lernen, die Nerven zu behalten, wenn ich einmal eine tüchtige Tierärztin werden will. Und ich bin ganz sicher, daß ich das erreichen werde."

Doktor Taylor griff nach Lindas Hand und drückte sie fest. „Ich bin überzeugt davon. Du weißt gar nicht, wie froh ich bin, daß ich dich habe. Manchmal vergesse ich ganz, daß du erst vierzehn bist."

Linda erwiderte den Händedruck ihres Vaters und sagte: „Ich sehe aber älter aus und fühle mich beinahe erwachsen."

Sie näherten sich dem Tierheim und hörten die Sirene der Feuerwehr. Gleich darauf sahen sie einen leuchtendroten Feuerschein am nächtlichen Himmel. Der Tierarzt blieb neben einem Feuerwehrauto stehen. Dann sprangen die beiden aus dem Wagen und eilten auf den Haupttrakt des brennenden Gebäudes zu. Der rote Feuerschein verfärbte sich orangerot, als die Feuerwehrleute den Brand zu löschen begannen. Aufgeregte Hunde rannten laut kläffend umher. Linda wäre beinahe über eine Katze gestolpert, die sich zwischen ihre Beine drängte und auf einen der Bäume zusteuerte, die nicht weit von der Brandstelle entfernt standen. Sie blickte hinauf in die Baumkronen und sah, daß dort bereits eine Menge verängstigter Katzen Zuflucht gefunden hatten.

Der Tierarzt ging mit seiner schwarzen Medikamententasche auf einen großen schlaksigen Mann zu, der gerade eine Katze am Arm hielt.

„Das ist Calico", sagte der Mann und streckte Doktor Taylor die Katze entgegen. „Sie hat vor ein paar Stunden Junge geworfen. Sie sind da drüben..." Er deutete mit dem Kopf zu den Bäumen. „Die Kätzchen sind in Ordnung, aber die Mutter ist in einer schlimmen Verfassung. Und dann ist da noch Boxer... Ich zeige ihn Ihnen gleich."

Der Tierarzt nahm ihm die verstörte Katze ab, die einen kläglichen Schrei von sich gab. Linda konnte im hellen Schein des Feuers erkennen, daß ihr Fell total versengt war. „Laß mir Calico", sagte sie zu ihrem Vater. „Und kümmere du dich um Boxer."

Die Katze miaute laut, als Linda sie an ihre Brust drückte und mit sanften Worten auf sie einredete. Unwillkürlich mußte sie an Cleveland denken. Wenn ihrem Kater so etwas widerfahren würde, wäre sie untröstlich.

Der Tierarzt drückte ihr eine Tube Brandsalbe in die Hand. „Reib damit Calicos Brandwunden ein", sagte er. „Und sieh dann nach, wo die Kätzchen sind. Calico wird sich gleich wohler fühlen, wenn sie bei ihnen ist." Dann wandte er sich wieder dem großen schlaksigen Mann zu: „George, wo ist Boxer?"

Unwillkürlich mußte Linda an Cleveland denken, als sie die arme Katze näher betrachtete

Während ihr Vater mit George Frick zu Boxer ging, begann Linda Calicos Wunden zu verarzten. Die Katze wehrte sich heftig dagegen und fauchte laut. Immer wieder versuchte sie, Linda zu kratzen, aber dieser gelang es schließlich doch, das arme Tier zu beruhigen, indem sie ihm immer wieder liebevoll über das versengte Fell strich. Leises Miauen ließ Linda ahnen, wo die Kätzchen waren. Sie lagen in einem Karton unter einem mächtigen Eichenbaum, in den Linda nun auch Calico legte. „Hier hast du wieder deine Kinder", sagte sie zu der Katze. „Siehst du, es geht ihnen ausgezeichnet. Und dir wird es auch bald wieder gutgehen. Ihr kommt jetzt alle zu uns in den Tier-Treff, das ist die Klinik meines Vaters. Ich bin sicher, daß es euch dort gefallen wird."

Calico machte sich gleich über ihre Jungen her und schien ihre Wunden ganz zu vergessen, während sie ihnen das Fell leckte.

„Linda Taylor! Das ist ja nicht zu fassen!" rief eine schrille Stimme, die das Knistern der Flammen, das Knarren der Balken und das Zischen des Löschwassers zu übertönen versuchte. Linda blickte hoch und sah eine urkomische Gestalt auf sich zukommen. Gegen den hellen Feuerschein in ihrem Rücken nahm sie sich wie eine Hexe aus. Aus ihrem Haarknoten hatten sich mehrere Strähnen gelöst, und ihre dünnen Arme bewegten sich gleichzeitig mit ihren strammen Schritten. Sie trug eine Art Herrenhemd, das sie in eine weite, lange Hose gestopft hatte, deren Beine unten mit Klammern zusammengehalten wurden, wie Radfahrer es zu tun pflegen. Linda konnte sich kaum das Lachen verkneifen. Jeder in Essex kannte Maggie Rafferty, die eine der Säulen des

Tierschutzvereins war und deren Tierliebe beinahe die Lindas übertraf. Maggie behauptete immer, sie wäre zweiundachtzig Jahre alt, aber man munkelte, daß sie weitaus älter war. Wahrscheinlich ging sie an die neunzig, dabei hatte sie die Energie einer Fünfzigjährigen.

„Ja, ich bin es, Fräulein Maggie!" rief Linda ihr zu. „Mein Vater ließ mich mitkommen, damit ich ihm bei der Versorgung der Tiere behilflich bin."

„Theodor muß den Verstand verloren haben", entrüstete sich Maggie. „Kinder haben hier nichts zu suchen." Sie stemmte die Arme in die Hüften und funkelte Linda mit ihren eisblauen Augen an. Doch dann fiel ihr Blick auf Calico und ihre Jungen, und ihr Gesicht nahm einen sanfteren Ausdruck an. „Aber das ist doch Calico, oder täusche ich mich? Natürlich nicht, Calico würde ich unter hundert Katzen wiedererkennen, auch wenn sie fast kein Fell mehr hat. Vor drei Wochen habe ich sie vor Schneiders Gemischtwarenhandlung aufgelesen und hierher gebracht. Sind die Jungen wohlauf?"

„Ja, bestens", erwiderte Linda. „Und Calico wird sich auch wieder erholen, sobald ihre Brandwunden verheilt sind und das Fell nachgewachsen ist. Ich habe die Wunden bereits behandelt, sie sind nicht so schlimm, wie sie aussehen."

„Nun gut, dann nehme ich sie", sagte Maggie.

„Was meinen Sie?" fragte Linda und starrte sie verständnislos an.

„Hast du nicht gehört, was ich gesagt habe? Ich sagte, ich nehme sie. Du gibst mir etwas von dieser Brandsalbe mit, und Calico und ihre Jungen können bei mir bleiben, bis wir für alle einen guten Platz gefunden haben."

2 9877-8

„Aber Maggie, Sie haben doch schon zehn Katzen..."
„Elf, und drei Hunde", schnitt Fräulein Maggie ihr das Wort ab. „Natürlich kann ich sie nicht für immer bei mir aufnehmen, aber vorübergehend. Ist das klar?"
Linda nickte.
„Was soll ich in dem riesigen Haus ganz allein?" fuhr Maggie fort. „Da ist doch genügend Platz für diese armen Geschöpfe. Mir sind Tiere ohnedies lieber als Menschen — als die meisten zumindest. Ah, da fällt mir der Hund ein, den ich mal gehabt habe. Übrigens ein Airedale, ein prächtiges Tier und so klug. Theodor ist auch ein kluger Bursche." Sie sah Linda eindringlich an und meinte: „Du siehst ihm sehr ähnlich."
Linda versuchte ernst zu bleiben, als sie fragte: „Meinem Vater oder dem Airedale?"
„Beiden", kam es wie aus der Pistole geschossen zurück. „Wenn du schon zum Mithelfen gekommen bist, warum tust du dann nichts? Calico rennt bestimmt nicht weg. Komm schon, es müssen noch eine Menge Tiere versorgt werden." Sie ergriff plötzlich Lindas Hand und zog sie nach unten.
„Fang den Hund ein!" befahl sie ihr, als ein verängstigter Spaniel an ihnen vorbeischoß und auf die Baumgruppe zusteuerte.
Linda wollte nach ihm fassen, aber da kam ihr schon Fräulein Maggie zuvor.
„Ich glaube, ihm ist nichts passiert", sagte Maggie und hielt den Hund fest in ihren Armen. „Er ist nur verschreckt, das ist alles. Schau, daß du ein Seil auftreiben kannst, dann binden wir ihn inzwischen an einem Baum fest. Ich hole ihn später ab."

Linda stürmte los und kam gleich darauf mit einem Seil zurück, das sie im Wagen ihres Vaters gefunden hatte. Gemeinsam banden sie den Spaniel an dem Baumstamm fest. Er war immer noch so verdattert, daß er nicht einmal japste.

„Linda!“ ertönte die Stimme des Tierarztes.

Linda rannte in die Richtung, aus der die Stimme gekommen war. Doktor Taylor behandelte gerade einen großen Hund, der schwere Brandwunden erlitten und sich aller Wahrscheinlichkeit nach einen Beinbruch zugezogen hatte. „Ein Balken ist auf ihn gefallen“, erklärte ihr Vater.

„Halt ihn fest, damit ich ihm eine schmerzstillende Spritze geben kann. Wo hast du denn die Brandsalbe?“

„In meiner Hosentasche“, sagte Linda und zog die Tube hervor. Nachdem der Hund die Injektion bekommen hatte, verteilte Linda vorsichtig etwas Salbe auf seine Wunden.

„Er muß mit in den Tier-Treff“, sagte ihr Vater. „Ich habe jetzt keine Zeit, sein Bein zu behandeln. Komm, wir tragen ihn in den Wagen.“

Gemeinsam schleppten sie den schweren Hund zu dem Kombiwagen und betteten ihn behutsam auf eine Decke, auf der bereits ein arg zugerichteter Hund und zwei völlig benommene Katzen lagen. Sie alle hatten Brandwunden und andere Verletzungen. Linda konnte nur mit Mühe die Tränen zurückhalten.

„Es wäre gut, wenn du bei ihnen bliebest“, sagte ihr Vater. „Beruhige sie, so gut es geht. Ich fürchte, es werden noch einige Verletzte hinzukommen.“

Obwohl Linda viel lieber mit ihrem Vater gegangen

wäre, um sich anderer Patienten anzunehmen, blieb sie hier im Wagen, wo sie dringend gebraucht wurde. Sie streichelte die kranken Tiere und redete ihnen gut zu.

Als kein weiteres Tier mehr in dem Kombi Platz hatte, fuhr Doktor Taylor zur Tierklinik in der Birkenallee. Er wirkte erschöpft, zwang sich aber trotzdem zu einem Lächeln. „Wir haben alle retten können", sagte er zufrieden. „Das haben wir nur George Frick zu verdanken. Wenn er nicht so schnell reagiert hätte, als er den Rauch bemerkte, und nicht sofort alle Käfige geöffnet hätte, wäre es zu einer Katastrophe gekommen."

„Wie will den Maggie die vielen Tiere mit nach Hause nehmen?" fragte Linda. „Sie kann sie ja nicht alle in ihrem Fahrradkorb verstauen."

„Die schafft alles. Sie hat sich einfach George Frick gekrallt und ihn gebeten, sie mit dem Wagen nach Hause zu fahren. Die weiß sich immer zu helfen."

„Ja, das kann man wohl sagen", meinte Linda, und obwohl sie zum Umfallen müde war und völlig geschafft, mußte sie schmunzeln.

„Übrigens, sie hat mir gesagt, du erinnerst sie an den Airedale, den sie früher einmal gehabt hat. Und dann meinte sie, daß ich aussähe wie du — und der Airdale!"

„Wau, wau", machte der Tierarzt und grinste. „Ich finde, du siehst wie niemand anderes aus, du bist du. Und so soll es auch sein." Er warf ihr einen prüfenden Blick zu und meinte: „Aber du siehst müde aus, Kleines. Ich setze dich vorher zu Hause ab. Mike kann mir beim Ausladen der Tiere helfen." Mike Strickler arbeitete schon seit vielen Jahren im Tier-Treff und versorgte die Tiere auch während der Nacht.

Linda schüttelte den Kopf. „Du bist genauso müde wie ich“, sagte sie. „Und morgen können wir ausschlafen. Hast du das vergessen? Wirklich, Paps, ich bin ganz okay. Zu dritt sind wir noch schneller fertig.“

Der Tierarzt ließ den Motor an, wendete den Wagen und fuhr in Richtung Landstraße. „Wirklich, Linda, ich wüßte nicht, was ich ohne dich täte... Das habe ich dir in den letzten Jahren sicherlich schon hundertmal gesagt.“

Linda lächelte still vor sich hin. „Bestimmt“, sagte sie stolz. Doch gleichzeitig spürte sie einen Anflug von Traurigkeit, denn sie mußte wieder an ihre Mutter denken, die vor vier Jahren bei einem Autounfall ums Leben gekommen war. Linda tat ihr Bestes, um die Verstorbene zu ersetzen. Sie kümmerte sich um ihren Vater und um ihre jüngeren Geschwister. Frau Racer, die alte Haushälterin, half ihr dabei. Und mit der Zeit hatten sie gelernt, auch ohne ihre Mutter zurechtzukommen. Aber innerlich trauerten sie ihr immer noch nach.

Es war, als hätte ihr Vater ihre Gedanken erraten, denn plötzlich sagte er: „Deine Mutter wäre auch mächtig stolz auf dich..., auf euch alle drei.“

„Auf uns vier“, sagte Linda. „Auf dich wäre sie sicher auch sehr stolz.“

Schweigend fuhren sie die nächtliche Straße entlang, bis Linda schließlich sagte: „Die alte Maggie ist wirklich eine Wucht, findest du nicht, Paps?“

„Ja, das kann man wohl sagen. Sie sieht zwar etwas sonderbar aus, und sie nimmt beim Reden kein Blatt vor den Mund, weshalb viele sie nicht ernst nehmen und belächeln. Aber sie hat einen glasklaren Verstand, und sie liebt Tiere, als wären es ihre Kinder, die sie nie gehabt hat. Sie hat, wie man so schön sagt, ein Herz aus Gold. Als ich sie in der dritten Klasse als Lehrerin bekam, hatte ich eine Mordsangst vor ihr, aber mit den Jahren lernte ich sie besser kennen und schätzen."

„Vielleicht werde ich so werden wie sie, wenn ich einmal alt bin", sagte Linda und gähnte herzhaft. „Ich bin auch eine Tiernärrin, und wer weiß, ob ich jemals heiraten werde. Ich werde sicher ganz in meinem Beruf aufgehen." Sie rückte näher an ihren Vater heran und sagte: „Vielleicht werde ich auch einmal eine Wucht sein..."

Der Tierarzt lachte. „Was das Heiraten betrifft, so wirst du sicher deine Meinung noch ändern. Dafür mußt du dich ja jetzt noch nicht entscheiden."

Linda gab keine Antwort, sie war eingeschlafen.

Der Familienrat tagt

Als Linda am nächsten Morgen erwachte, flutete helles Sonnenlicht auf ihre Bettdecke, und Cleveland lag noch immer eingerollt neben ihr. Sie zwinkerte und setzte sich auf. Sie konnte sich nicht erinnern, wie sie heimgekommen war und daß sie sich ausgezogen hatte und in den Schlafanzug geschlüpft war. Das einzige, woran sie sich erinnern konnte, war, daß sie spät in der Nacht mit ihrem Vater zum Tier-Treff unterwegs gewesen war und sie sich über Maggie Rafferty unterhalten hatten.

„Ah!" rief sie laut, so daß Cleveland seine gelbgrünen

Augen blinzelnd öffnete. „Klar, ich muß im Auto eingeschlafen sein, und Paps hat mich wie ein kleines Kind zu Bett gebracht. Eine Schande für eine Tierarzt-Assistentin!"

Cleveland gähnte mit weit aufgesperrtem Maul und legte sich auf den Rücken, damit Linda ihn am Bauch kraulte. Sie streichelte sein rot-weiß getigertes Fell, aber in Gedanken war sie nicht bei der Sache. Es ärgerte sie, daß sie eingeschlafen war und ihrem Vater und Mike nicht beim Verarzten der verletzten Tiere helfen konnte.

„Ach, Cleveland", sagte sie und stöhnte, „wie soll ich jemals eine gute Tierärztin werden, wenn ich mich bei einem Notfall nicht wachhalten kann?"

Der Kater gab nur ein leises Schnurren von sich, was Linda nicht davon abhielt, sich weiterhin mit ihm zu unterhalten. „Weißt du, du bist wirklich ein Glückspilz", sagte sie zu Cleveland. „Stell dir vor, irgendwelche Leute hätten dich ausgesetzt und du wärst in einem Tierheim gelandet, in dem ein Brand ausbricht. Und dein herrliches Fell wäre versengt wie das von Calico. Oder vielleicht wärst du gar nicht mehr am Leben. Gott sei Dank ist bei dem Brand kein einziges Tier ums Leben gekommen. Und all jene, die böse Verletzungen erlitten haben, sind mittlerweile im Tier-Treff untergebracht."

Cleveland schnurrte wieder und legte seine Vorderpfoten auf Lindas Hand, in die er vorsichtig seine kleinen Zähne bohrte.

„Aua!" schrie Linda. „Du tust mir ja weh!" Dann rümpfte sie die Nase. „Ich rieche noch immer das brennende Holz", sagte sie. „Ja, ich kann es ganz deutlich riechen." Plötzlich kam ihr ein Gedanke, und sie hielt sich eine Haarsträhne unter die Nase.

„Nein, *ich* rieche so. Ja, ich rieche wie geräucherter Schinken! Ich glaube, da hilft jetzt nur eine ausgiebige Dusche. Und dann heißt's Frühstück machen. Paps, Erin und Teddy warten sicher schon darauf. Und du bist bestimmt auch hungrig."

Sonntags bereitete immer Linda das Frühstück für alle zu. Da gab es Schinken mit Rührei, Würstchen und Toast. Sie warf einen Blick auf den Wecker neben dem Bett und stellte erschrocken fest, daß es bereits zehn Uhr war. „Meine Güte, die haben sicherlich schon einen Bärenhunger!" sagte sie.

Gerade als sie aus dem Bett springen wollte, ging ihre Zimmertür auf, und Jocko und Sunshine stürzten schwanzwedelnd herein. Sie blieben vor ihrem Bett stehen und stützten sich mit den Vorderpfoten ab. Cleveland warf ihnen einen verächtlichen Blick zu und begann sich das Fell zu putzen.

„Guten Morgen, ihr beiden", begrüßte Linda die Hunde und streichelte ihre Köpfe.

In diesem Augenblick trat ihr Vater in das Zimmer. Er war bereits angezogen und sah munter und erholt aus. Er war sogar schon rasiert, stellte Linda fest.

„Na, hast du gut geschlafen?" erkundigte er sich und nahm auf der Bettkante Platz.

Linda beugte sich zu ihm vor und küßte ihn auf die Wange. „Und wie!" sagte sie. „Aber warum um alles in der Welt hast du mich gestern nacht nicht geweckt, als wir in der Klinik angekommen waren? Habt ihr alle Tiere unterbringen können?"

„Ja, mit knapper Not", erwiderte ihr Vater. „Es ist

ganz schön voll dort, aber jedes Tier hat seinen Platz. Wir sind erst gegen drei Uhr morgens fertig geworden. Du hast so fest geschlafen, daß wir es nicht übers Herz brachten, dich zu wecken. Du warst mir aber trotzdem eine große Hilfe. Was noch im Tier-Treff zu tun war, habe ich mit Mike erledigt."

„Willst du damit sagen, daß du mich gar nicht mehr gebraucht hast?" sagte Linda enttäuscht.

„Ich hab' dir doch bereits gesagt, daß Mike mir geholfen hat. Es wartet noch genügend Arbeit auf dich. Wir fahren am Nachmittag zur Klinik, um nachzusehen, wie es unseren Patienten geht."

„Ich will auch mitkommen!" ertönte Teddys Stimme, der zur Tür hereingestürzt kam und sich auf Lindas Bett warf. „Warum habt ihr mich gestern abend nicht geweckt? Ich habe noch nie einen wirklichen Brand gesehen. Das muß doch schrecklich aufregend sein, wenn plötzlich die Feuerwehr angebraust kommt."

Doktor Taylor streichelte den hellen Lockenkopf seines Jüngsten und meinte: „Ein Brand ist nichts Aufregendes, Teddy. Nur erschreckend, ja, das ist er. Aber wirklich nicht aufregend. Schon gar nicht, wenn so viele Tiere in Lebensgefahr sind."

Aber Teddy schien nicht überzeugt zu sein. „Ich glaube, ich habe es mir doch anders überlegt. Ich möchte doch nicht Astronaut werden, sondern lieber Feuerwehrmann. Ja, ich möchte ein großes Feuerwehrauto lenken, mit einer ganz lauten Sirene!" Er streckte seine Hand nach Cleveland aus, aber dieser verkroch sich unter dem Bett. Jocko und Sunshine sprangen die Treppe hinunter und hätten beinahe Erin umgerannt, die gerade heraufkam, um zu verkünden, daß das Frühstück in zehn Minuten fertig sei. „Die Würstchen müssen nur noch heiß werden."

Erin hatte über ihrem Ballett-Trikot ein Paar Jeans an, und ihr langes blondes Haar war zu einem Pferdeschwanz zusammengebunden. Sie hatte große Ähnlichkeit mit ihrer verstorbenen Mutter, während Linda mehr dem Vater glich. Erin war zierlich und graziös und wollte wie ihre Mutter eine große Ballerina werden. Linda hingegen war kräftig und großgewachsen und hatte kastanienbraunes Haar. Ihr Bruder Teddy hatte Ähnlichkeit mit beiden Elternteilen, er war schlank, aber kräftig und hatte lustig funkelnde, blaue Augen.

Erin setzte sich ebenfalls auf Lindas Bett. „Sagt, habe ich das nur geträumt, daß du, Paps, mit Linda mitten in der Nacht wegen eines Brandes weg mußtest? Oder war es wirklich der Fall?" fragte sie.

„Ja, wir mußten zum Tierheim fahren, weil ein Feuer ausgebrochen war. Und Paps und ich haben uns um die Tiere gekümmert", sagte Linda. „Einige darunter hatten schlimme Verletzungen erlitten und kamen noch in der Nacht in die Klinik. Aber da schlief ich schon..."

„Deine Schwester hat sich sehr tapfer verhalten", sagte der Tierarzt und fuhr mit der Hand über Lindas Haar. „Aber ich glaube, es ist an der Zeit, daß du dich jetzt für das Frühstück fertig machst", sagte er zu ihr. „Es wird jeden Augenblick fertig sein."

„Das hatte ich auch vor", sagte Linda. Es ärgerte sie ein wenig, daß Erin das Frühstück zubereitet hatte, was eigentlich ihre Aufgabe war. Aber Erin war im Kochen nicht zu überbieten. Lindas Würstchen platzten meistens, der Toast fiel immer zu dunkel aus, so daß man ihn dick mit Butter und Marmelade bestreichen mußte.

„Wir haben einiges miteinander zu besprechen“, sagte der Tierarzt. „Ich habe heute morgen schon mit ein paar Leuten vom Tierschutzverein telefoniert, und alle sind sich darin einig, daß wir größere Geldspenden brauchen, damit endlich mit dem Bau des neuen Tierheims begonnen werden kann. Wir planen, ein Volksfest zu veranstalten, und man hat mich gebeten, mich um die Organisation zu kümmern. Linda, ich dachte, du könntest den Vorsitz des Jugendkomitees übernehmen. Und vielleicht könnte Toby dein Stellvertreter sein.“

„Ja, das ist eine großartige Idee“, jubelte Linda.

Toby half ebenfalls im Tier-Treff aus. Er kam immer erst nach der Schule und samstags schon in der Früh. Er war Lindas bester Freund.

„Ich wette, daß Toby einverstanden ist“, sagte sie.

„Können Teddy und ich nicht auch in dem Komitee sein?“ fragte Erin. „Wir würden eine Menge Kinder von unserer Schule mitbringen, die mithelfen könnten.“

„O ja, Linda!“ rief Teddy begeistert. „Ich könnte mit Eric, Billy und Sparky Plakate malen, und ich wette, daß Frau Racer sicher gerne einen Berg Plätzchen und Kuchen backt, die wir auf dem Volksfest verkaufen können. Das Geld bekommt dann der Tierschutzverein.“

„Teddy, bitte hör auf, auf meinem Bett herumzuspringen“, ermahnte ihn Linda. „Da wird man ja richtig seekrank!“

„Schluß damit, Teddy“, sagte sein Vater streng und packte ihn am Kragen. „Kommt, Kinder, wir gehen jetzt, damit Linda duschen und sich anziehen kann. Wir können ja beim Frühstück alles besprechen."

„O Gott, das Frühstück!" rief Erin erschrocken. „Ich habe ganz die Würstchen vergessen. Sicher sind sie alle aufgeplatzt!" Und schon stürmte sie die Treppe hinunter.

„Dann sind sie eben wie die von Linda", meinte Teddy mit einem breiten Grinsen, als ihn sein Vater aus dem Zimmer zog.

Linda warf ihrem Bruder einen finsteren Blick nach und steckte dann den Kopf unter das Bett. „Die Luft ist wieder rein, du kannst rauskommen, Cleveland!" rief sie.

Gleich darauf kroch der Kater unter dem Bett hervor. Er leckte sich die Pfoten und ging dann mit Linda die Treppe zum Bad hinunter. Fließendes Wasser faszinierte ihn, und er saß für sein Leben gern am Rand des Waschbeckens, während sich Linda die Zähne putzte. Dabei war er mehr als wasserscheu!

Linda duschte in Windeseile und schlüpfte in ihre Kleider. Als sie, ein Handtuch um die feuchten Haare geschlungen, die Küche betrat, saßen schon alle um den gedeckten Tisch.

„Ich werde Toby gleich nach dem Frühstück anrufen", sagte sie, als Erin ihr den Brotkorb reichte. „Ich muß ihm unbedingt von dem Volksfest erzählen. Ich bin neugierig, ob er was von dem Brand mitbekommen hat."

„Wenn sie den *Tagesanzeiger* haben, dann weiß er bestimmt davon", sagte der Tierarzt und schlug die erste Seite der Zeitung auf. Linda traute ihren Augen nicht, denn da war ein Bild von ihr und ihrem Vater, wie sie sich über den Hund mit dem gebrochenen Bein beugten.

Im Hintergrund sah man die Flammen und ein Feuerwehrauto.

„Tierarzt Doktor Taylor und seine Assistentin leisteten bei dem Brand des Tierheims Erste Hilfe", las Linda vor.

„Paps, jetzt bist du berühmt!" rief Teddy beeindruckt.

„Ich verstehe nicht, warum sie nicht Lindas Namen erwähnt haben", sagte Erin.

„Das spielt doch keine Rolle. ‚Assistentin' klingt viel besser als ‚Tochter'", meinte Linda.

Erin beugte sich über den Tisch, um das Bild besser sehen zu können. „Eigentlich ist es ganz gut, daß sie nicht deinen Namen erwähnt haben, denn schau dir mal an, wie zerzaust du bist", sagte sie und kicherte.

„Vielen Dank!" sagte Linda eingeschnappt. „Aber zu deiner Information: Meine Haare waren das letzte, was mir in dieser Situation wichtig war. Außerdem habe ich gar nicht gewußt, daß wir fotografiert wurden. Wußtest du es, Paps?"

„Woher denn?" erwiderte ihr Vater. „Wenn ich es gewußt hätte, hätte ich mir sicherlich den Bart gekämmt."

Alle lachten.

„Fahren wir zum Tier-Treff, wenn ich mit Toby telefoniert habe?" wollte Linda wissen, als sie das letzte Stück Pfannkuchen gegessen hatte. Da sie Vegetarierin war, aß sie natürlich weder Würstchen noch Ei mit Schinken. „Aber du meinst doch nicht, daß vielleicht eines der Tiere über Nacht gestorben ist?" fragte sie ihren Vater besorgt.

„Ganz bestimmt nicht", versicherte er ihr. „Wenn sich der Zustand eines der Tiere verschlechtert hätte, hätte Mike mich benachrichtigt."

„Ich weiß, aber trotzdem bin ich in Sorge", gab Linda zu. „Wir fahren doch gleich hin, oder?"

„Selbstverständlich. Sobald der Tisch abgeräumt und das Geschirr in der Spülmaschine ist", sagte ihr Vater. „Teddy, du bist für das Saubermachen zuständig. Erin hat das Frühstück zubereitet, und Linda braucht heute morgen nichts zu tun, weil sie nachts so fleißig mitgeholfen hat."

„Mist!" stöhnte Teddy und machte sich widerwillig an die Arbeit. „Darf ich auch mitkommen?" fragte er. „Ihr wißt doch, wie gerne ich Hunde und Katzen habe."

Erin schüttelte sich bei dem Gedanken. „Ich möchte hierbleiben", sagte sie. „Ich will sie erst dann sehen, wenn es ihnen bessergeht und ihr Fell wieder nachgewachsen ist. Außerdem möchte ich zu Olivia gehen. Wir müssen nämlich ein Ballettstück einstudieren. Sie hat gefragt, ob ich zum Mittagessen bleiben darf. Hast du was dagegen, Paps?"

„Natürlich nicht, Erin", erwiderte ihr Vater. „Und du, Teddy, du kommst mit Linda und mir. Wir werden spät zu Mittag essen, da wir erst jetzt mit dem Frühstück fertig geworden sind, und es ist schon halb elf."

„Au, fein!" rief Erin und drückte dem Tierarzt einen Kuß auf die Wange. Dann stürmte sie zur Küchentür hinaus, um sich ihre Ballettschuhe zu holen.

Während Teddy das Geschirr in der Spülmaschine verstaute, rief Linda Toby an. Beim dritten Klingelzeichen hob jemand den Hörer ab.

„Toby?" fragte Linda zögernd. Toby hatte nämlich so viele Geschwister, daß sie nie wußte, wer am Apparat war.

„Nein, hier ist Tom. Warte, ich hole ihn gleich", sagte die Stimme am anderen Ende der Leitung.

„Hallo, Toby! Ich bin's, Linda", meldete sie sich, als sie seine Stimme hörte. Doch bevor sie weitersprechen konnte, fiel ihr der Junge schon ins Wort. „Ich habe dein Bild in der Zeitung gesehen. Das muß ja ein grauenvoller Brand gewesen sein! In dem Artikel stand, daß er durch einen elektrischen Kurzschluß verursacht worden war. Wieso habt ihr mich nicht angerufen? Ich hätte euch helfen können."

„Es ging alles so rasch, Toby", erklärte ihm Linda. „Bis du von dir zu Hause aus dagewesen wärst, hätten wir schon alles unter Kontrolle gehabt. Die schwerverletzten Tiere haben wir sofort in die Klinik gefahren. Wir machen uns gerade auf den Weg dorthin, um nach ihnen zu sehen." Natürlich erwähnte sie nicht, daß sie im Auto eingeschlafen war. Er würde sich nur lustig über sie machen und sagen, daß das wieder einmal „typisch Mädchen" war. „Hör zu, Toby, der eigentliche Grund, warum ich dich anrufe, ist der, daß mein Vater vorgeschlagen hat, du solltest stellvertretender Vorsitzender des Jahrmarktkomitees sein. Bist du damit einverstanden?"

„Moment mal. Von welchem Jahrmarkt redest du eigentlich?" wollte Toby wissen.

Linda erzählte ihm, daß sie für den Bau des neuen Tierheims dringend Geld benötigten und deshalb sollte eine Art Volksfest veranstaltet werden. „Wir können ja alles Nähere am Dienstag besprechen", schlug sie Toby vor. „Wir werden eine Menge zu tun haben. Außerdem müssen wir eine Menge Plakate malen."

„Aber solange wir nicht wissen, wann der Jahrmarkt stattfindet, können wir auch nicht mit den Plakaten beginnen", gab Toby zu bedenken.

Daran hatte Linda noch gar nicht gedacht. „Paps, wann findet denn der Jahrmarkt statt?" fragte sie.

„Oh, das kann ich dir noch nicht genau sagen. Wir haben heute morgen erst den Beschluß dazu gefaßt, in die Details sind wir noch nicht gegangen. Aber wir haben Anfang Juni ins Auge gefaßt. Nach der nächsten Sitzung des Tierschutzvereins werde ich mehr darüber wissen."

„Okay", sagte Toby, der alles mit angehört hatte. „Also die Plakate sind noch nicht eilig. Und ihr fahrt jetzt zum Tier-Treff?"

„Ja, in ein paar Minuten", erwiderte Linda.

„Ich komme mit dem Fahrrad hin. Dann können wir uns ja schon mal über den Jahrmarkt unterhalten", meinte Toby. „Ach, da kommt mir eine tolle Idee! Ich könnte meinen Vater dazu überreden, daß er auf dem Jahrmarkt einen Eisstand errichtet. Wir könnten ja ein Eis-Wettessen veranstalten. Was meinst du dazu?"

„Ja, das ist eine super Idee", sagte Linda begeistert. Tobys Vater stellte das beste Eis von ganz Essex und Umgebung her. „Also, bis gleich", sagte sie und hing ein.

„Was ist eine super Idee?" wollte Teddy wissen.

„Ein Eis-Wettessen auf dem Jahrmarkt zu veranstalten", erwiderte Linda. „Toby will seinen Vater dazu überreden, daß er Eiscreme spendet."

„Spitze!" rief Teddy. „Da mache ich auch mit. Ich wette, ich werde Sieger. Niemand in meiner Klasse kann so viel Eis essen wie ich!"

„Und wahrscheinlich wird niemand so krank wie du", mischte sich sein Vater ein. „Aber ihr braucht euch jetzt noch keine Gedanken darüber zu machen. Seid ihr fertig, damit wir endlich losfahren können?"

„Ich schon, aber Linda nicht", sagte Teddy.

„Nein, ich bin auch fertig", meinte Linda und ging zur Tür. „Kommt."

„Nicht, solange du in diesem Aufzug bist", sagte ihr Vater. „Du siehst ja aus wie ein Maharadscha."

„O Gott", stöhnte Linda, die ganz vergessen hatte, daß sie noch das Handtuch um die Haare geschlungen hatte. Sie nahm es blitzschnell herunter. Ihre Haare waren beinahe trocken. Aber da sie wußte, daß ihr Vater es nicht zulassen würde, daß sie mit feuchtem Haar aus dem Haus ging, sagte sie: „Wartet eine Sekunde auf mich! Ich bin gleich mit dem Fönen fertig." Und schon lief sie die Treppe nach oben.

„Typisch Mädchen!" sagte Teddy und schüttelte den Kopf. „Bin ich froh, daß ich nicht so eine Mähne habe."

„Ich auch", stimmte ihm der Tierarzt bei. „Du würdest ziemlich komisch aussehen, wenn du so lange Haare hättest wie Linda oder Erin." Dann zwinkerte er ihm zu und meinte: „Wir Männer sollten lieber schon mal draußen im Wagen warten."

3 9877-8

Der Tier-Treff platzt aus allen Nähten

Kaum hielt der Kombiwagen vor der Tierklinik an, sprangen Linda und Teddy heraus. Das erste, was sie sahen, war ein großer Karton, der auf der Treppe zum Haupteingang stand. Linda steckte sofort ihre Nase hinein. Vier gelbe Augenpaare schauten sie neugierig an, und vier rosa Näschen streckten sich ihr entgegen. Gleich darauf ertönte klägliches Miauen.

Linda streichelte ein Kätzchen nach dem anderen. Ihr erster Gedanke war, Fräulein Maggie hatte es sich anders überlegt und Calicos Kätzchen nun doch nicht behalten wollen. Aber dann stellte sie fest, daß diese Kätzchen schon größer und älter waren.

„Sind sie nicht goldig?“ schwärmte sie und holte eines der getigerten Fellknäuel aus dem Karton und drückte es sich ans Kinn. „Aber wie kommen sie hierher?“

„Also du stehst heute ganz schön auf der Leitung“, meinte Teddy. „Du kannst wohl auch nicht mehr lesen?“ Er hielt ihr einen Zettel unter die Nase, der auf der Vorderseite des Kartons befestigt gewesen war. Darauf stand geschrieben: *Wie schrecklich, daß das Tierheim abgebrannt ist. Als ich heute darüber in der Zeitung las, dachte ich, dann bringe ich die Kätzchen gleich zu Ihnen. Wir haben nämlich schon so viele Katzen.* Die Unterschrift lautete: *Ein Tierfreund.*

„Das ist ja stark!“ sagte Linda und schaute ihren Vater ratlos an, der mittlerweile hinzugekommen war: „Die

„Sind die nicht goldig?" schwärmte Linda und nahm ein Kätzchen aus dem Karton

Leute meinen wirklich, wir sind ein Tierasyl."

„Ja, das kann man wohl behaupten", sagte Mike Strickler, als sie das Wartezimmer betraten. Es war das erste Mal, daß Linda den alten Tierpfleger ziemlich mutlos sah. Was immer auch passierte, Mike ließ sich normalerweise nicht unterkriegen und machte immer ein fröhliches Gesicht. Aber jetzt ...

„Wollen Sie damit sagen, daß noch andere unerwünschte Tiere bei uns abgegeben wurden?" fragte ihn Doktor Taylor.

„Genau das", sagte Mike. „Ein deutscher Schäferhund und zwei undefinierbare Welpen. Weiß der Himmel, wo wir die unterbringen sollen. Es sind schon genug Patienten aus dem Tierheim da."

Teddy trug den Karton mit den Kätzchen ins Wartezimmer und stellte ihn auf den Boden. Linda legte das Katzenbaby, das sie herausgenommen hatte, zu den anderen zurück.

„Aber woher kommt es, daß ..." Der Tierarzt konnte den Satz nicht zu Ende sprechen, denn Mike Strickler fiel ihm ins Wort.

„Die Leute haben Ihr Foto in der Zeitung gesehen. Man könnte meinen, ganz Essex hat den Artikel gelesen."

„Was stand eigentlich drin?" erkundigte sich Linda. „Wir haben nämlich nur die Bildunterschrift gelesen."

„Es hieß darin, daß Sie die verletzten Tiere bei sich aufnähmen. Das war alles. Aber die Leute meinen, daß der Tier-Treff das neue Tierheim ist. Ich glaube, wir müssen von nun an mehr Futter bestellen, Doktor", sagte Mike. „Es ist ohnehin kein großer Vorrat mehr vorhanden. Und wenn wir noch weitere Gäste bekommen, dann ist er in Null Komma nichts aufgebraucht." Er warf einen Blick auf die Kätzchen in dem Karton. „Ich weiß wirklich nicht, was wir mit denen anfangen sollen. Wir platzen schon aus allen Nähten."

Teddy kniete nun neben dem Karton und steckte seine Hände hinein, mit denen die Kätzchen neugierig spielten. „Du, Paps, vielleicht könnten wir sie..."

„Ja, Paps!" unterbrach Linda ihren Bruder. „Wir könnten sie doch eine Weile bei uns aufnehmen."

„Das hat uns gerade noch gefehlt!" stöhnte der Tierarzt. „Als ob ein Kater, zwei Hunde, vier Kaninchen, vier Hamster, eine Ente und Teddys Küken nicht schon genug wären! Nein, jetzt sollen noch vier Katzenbabys hinzukommen!"

„Doch nicht für immer", versuchte Linda ihn zu beschwichtigen. „Nur so lange, bis wir für sie ein neues Zuhause gefunden haben. Schau sie dir doch an, wie süß sie sind. Ich wette, wir werden sehr bald Abnehmer für sie finden." Der Tierarzt rieb sich den Bart, was er immer tat, wenn er in einer verzwickten Lage war. „Ich werde mir die Sache durch den Kopf gehen lassen", sagte er schließlich, und Linda und Teddy zwinkerten sich siegessicher zu. Wenn ihr Vater sagte, er müßte sich etwas durch den Kopf gehen lassen, dann dann war das schon fast eine Zusage.

Doktor Taylor erriet ihre Gedanken und wiederholte mit Nachdruck: „Ich werde mir die Sache durch den Kopf gehen lassen. Aber jetzt wollen wir uns unsere Patienten ansehen. Wie geht es ihnen denn, Mike?"

„Oh, sie machen schon einen viel besseren Eindruck",

erwiderte der Tierpfleger. „Das hätten Sie hören sollen, wie laut das hier zuging heute morgen, als fünf Katzen und vier Hunde gleichzeitig nach ihrem Futter verlangten. Ich habe alle paar Stunden bei ihnen nachgesehen, für den Fall, daß eines der Tiere Hilfe brauchte, aber dem war nicht so. Nicht einmal dem Hund mit dem gebrochenen Bein ging es schlechter."

„Da bin ich aber froh", sagte Linda erleichtert. „Jetzt wollen wir sie uns aber ansehen."

„Hallo, Linda!" ertönte in diesem Augenblick Tobys Stimme, der soeben hereingestürmt kam und beinahe über den Karton mit den Kätzchen gestolpert wäre. Er konnte gerade noch im letzten Augenblick ausweichen. „Stell dir vor, ich habe mit meinem Vater wegen des Eisstands gesprochen, und er sagte, daß er gerne jede Menge Eis zugunsten des Tierheimes spende. Ist das nicht super? Tag, Doktor. Na, wie geht's, Teddy? Wie machen sich die neuen Patienten, Mike?" Bevor jemand auf seine Fragen antworten konnte, sagte er: „Was tun denn die hier?" und deutete auf den Karton, dessen Inhalt er erst jetzt bemerkte. „Die sehen ja putzmunter aus. Scheinen nicht unter dem Brand gelitten zu haben."

„Haben sie auch nicht. Sie sind nur herrenlos. Jemand hat sie uns vor die Tür gestellt, da ja das Tierheim vorübergehend geschlossen ist. Wir nehmen sie mit nach Hause..." Teddy stockte und sah seinen Vater an. „Wenn Paps es erlaubt."

„Wollt nicht ihr noch ein paar Katzen auf eurem Hof?" wandte sich der Tierarzt an Toby. „Sie sehen ganz so aus, als würden sie mal gute Mäusefänger werden."

„Das geht leider nicht. Doktor. Wir haben schon mehr Katzen als Mäuse."

„Und wie wäre es mit einem Hund?" wollte Mike wissen. „Wir haben einen deutschen Schäferhund und ein paar Welpen und wissen nicht, wohin damit."

„Welpen?" fragte Toby neugierig. „Hat die auch jemand ausgesetzt?"

„Anzunehmen", sagte Linda. „Die Leute scheinen wirklich zu glauben, daß wir das neue Tierheim sind."

In diesem Augenblick läutete das Telefon. Linda nahm den Hörer ab. „Tierarztpraxis Doktor Taylor, guten Tag", meldete sie sich wie eine erfahrene Sprechstundenhilfe. „Ein Feldhase? Was fehlt ihm denn? Aha, ich verstehe. Nein, wir nehmen im Moment keine weiteren Tiere auf, außer es handelt sich um Notfälle. Nein, die Tiere, die wir aus dem Tierheim aufgenommen haben, waren schwer verletzt... Tut mir leid, daß ich Sie enttäuschen muß. Warum fahren Sie nicht mit ihm aufs Land hinaus und lassen ihn wieder frei? Wilde Tiere brauchen ihre natürliche Umgebung... Gern geschehen. Auf Wiedersehen." Sie hing ein. „Das war schon wieder wer, der den Artikel im Stadtanzeiger gelesen hatte", sagte sie zu ihrem Vater. „Ich glaube, wir sollten bei der Zeitung anrufen und sie bitten, in ihrer nächsten Ausgabe darauf hinzuweisen, daß der Tier-Treff nicht das neue Tierheim ist."

„Ja, das habe ich mir auch schon gedacht", meinte ihr Vater. „Ich werde morgen früh in der Redaktion anrufen."

„Mike, würden Sie mir die Welpen zeigen?" fragte Toby.

„Na, klar“, meinte dieser. „Ich hab’ sie im großen Stall untergebracht. Nur dort war noch Platz.“ Dann ging er mit Toby zu den Welpen, und Linda und Teddy begleiteten ihren Vater in die Krankenstation, wo die Tiere aus dem Tierheim in Käfigen untergebracht waren. Lautes Gebell und Miauen empfing sie. Linda stellte mit Erleichterung fest, daß alle Patienten auf den Beinen waren und neugierig durch den Maschendraht blickten. Sie gingen langsam von Käfig zu Käfig, und während der Tierarzt seine Patienten untersuchte, redete Linda beruhigend auf sie ein.

„Seht euch mal diese Katze an!“ rief Teddy und spähte in einen der Käfige. „Ich hab’ noch nie eine ohne Schnurrhaare gesehen. Aber auch ihr Fell ist fast ganz verbrannt.“

„Das wächst wieder nach, Teddy, genau wie die Schnurrhaare“, beruhigte ihn sein Vater. „In ein paar Tagen ist sie wieder so weit, daß sie entlassen werden kann.“

„Ich frage mich, ob Maggie noch ein paar Tiere bei sich aufnehmen kann“, sagte Linda, während sie einen kleinen Mischlingswelpen hinter den Ohren kraulte, der die beiden Vorderpfoten bandagiert hatte.

„Ich glaube nicht“, sagte ihr Vater. „Sie hat sich ohnedies schon übernommen. Mehr dürfen wir ihr wirklich nicht zumuten.“

„Redet ihr von Maggie Rafferty, dieser komischen alten Schrulle, die mit dem Fahrrad durch die ganze Stadt fährt?“ mischte Teddy sich ein.

„Fräulein Maggie ist keine komische alte Schrulle“, wies ihn sein Vater zurecht. „Sie hat ein Herz aus Gold und ist eine tierliebende alte Dame. Gestern abend hat sie gleich mehrere Hunde und Katzen mit nach Hause genommen und wird sie bestens betreuen. Du sollst dich wirklich nicht über sie lustig machen, Teddy!"

„Tut mir leid, Paps", sagte Teddy leise. „Ich wollte mich nicht über sie lustig machen. Es ist nur, daß sie... nun ja, daß sie etwas sonderbar ist. Viele Kinder behaupten, sie sei eine Hexe."

„Das ist das Verrückteste, das mir je zu Ohren gekommen ist", sagte Linda. „Du weißt ganz genau, daß es keine Hexen gibt. Und selbst wenn es welche gäbe, dann wäre Fräulein Maggie mit Sicherheit keine. Paps hat recht, sie hat wirklich ein Herz aus Gold."

Teddys Augen weiteten sich. „Aus echtem Gold?" fragte er. „Dann muß sie ja ein Vermögen wert sein."

Linda warf ihm einen finsteren Blick zu, und Teddy sagte: „Das sollte doch nur ein Scherz sein. Ich weiß natürlich, daß das eine Redensart ist."

„Könntest du jetzt diese arme Katze wieder in Ruhe lassen, Teddy?" sagte sein Vater. „Ich möchte sie nämlich untersuchen."

Als Linda sich davon überzeugt hatte, daß alle Tiere auf dem Weg der Besserung waren, ging sie in den Stall, um die Neuankömmlinge zu begrüßen. Dann wollte sie Gray Ghost satteln und einen kleinen Ausritt mit ihm machen, bevor sie ihn auf die Koppel führte.

Toby war gerade mit den beiden Welpen beschäftigt, als Linda den Stall betrat. Ghost stand in der Box nebenan. Sie sprangen munter herum, versuchten sein Gesicht zu lecken und bohrten ihre kleinen spitzen Zähne in seine Jeansbeine, seine Schuhe, kurz in alles, wonach sie schnappen konnten. Der deutsche Schäferhund sah ihnen gelassen zu, wie ein nachsichtiger Vater, der seine Kinder beim Spielen beobachtet.

Gray Ghost aber streckte seinen Hals weit nach vorne, um in die angrenzende Box sehen zu können. Er war das lebhafte Treiben neben sich nicht gewohnt und stellte unruhig die Ohren auf.

Als der Wallach Linda erblickte, wieherte er vor Freude. Linda schlang die Arme um seinen Hals und legte ihre Wange an seinen warmen Widerrist.

„Man könnte meinen, das Pferd ist eifersüchtig auf die beiden Kläffer“, sagte Mike, der nun zu ihnen herübergekommen war, nachdem er sich die anderen Tiere angesehen hatte. Er zog eine große Karotte aus seiner hinteren Hosentasche und streckte sie dem Wallach entgegen. Ghost nahm sie von der flachen Hand und verspeiste sie genüßlich.

„Du brauchst auf niemanden eifersüchtig zu sein, Ghost“, sagte Linda und streichelte sein glänzendes Fell. „Diese kleinen Hunde sind nur da, weil sie kein Zuhause mehr haben. Aber du hast eines. Du gehörst zu uns. Du bist mein Pferd, und ich habe dich sehr lieb. Auch Toby mag dich, alle hier. Doch diese armen kleinen Hunde haben niemanden. Vielleicht haben sie Glück, und Tobys Eltern nehmen sie zu sich. Oder zumindest einen von beiden.“

„Und was ist mit dem deutschen Schäferhund?“ wollte Mike wissen. „Er ist natürlich nicht mehr so nett wie die Kleinen da. Er ist ja auch nicht mehr der Jüngste. Aber er ist ein so gutmütiger Kerl. Was soll mit ihm geschehen?“

Während Toby mit den Welpen spielte, schaute Gray Ghost neugierig aus seiner Box heraus

„Keine Ahnung, Mike", sagte Linda achselzuckend und betrachtete den großen Hund. „Ich frage mich, warum ihn sein Besitzer nicht mehr haben wollte."

„Tja, das ist eine gute Frage", meinte Mike und schmunzelte, während er den Hund ansah. „Wir nennen ihn Ludwig. Da wir seinen Namen nicht kennen, müssen wir ihm einen neuen geben. Und Ludwig paßt doch ausgezeichnet zu ihm."

„Da denke ich gleich an Beethoven", meinte Linda.

„Ich kannte mal einen Ludwig Heinz, der hatte eine Tierfutterhandlung. Er hatte ein Gesicht wie ein Schnauzer", erzählte Mike.

Linda brach in Gelächter aus. „Sie kennen aber schon jeden, Mike", sagte sie.

„Jeden, der in und um Essex herum wohnt oder gewohnt hat. Was ist da so komisch dran?" wunderte sich Mike.

„Nichts", erwiderte Linda rasch, denn plötzlich kam ihr ein guter Gedanke. „Sagen Sie, Mike, warum haben Sie eigentlich kein Haustier?"

„Was soll ich damit?" brummte er. „Ich habe hier genug Tiere zu betreuen. Ich kann mich auch prächtig mit ihnen unterhalten. Nein, ich brauche wirklich kein Haustier."

„Aber wenn Sie nach der Arbeit nach Hause kommen, fühlen Sie sich da nie einsam?" bohrte Linda weiter.

„Ich und einsam?" Mike machte ein erstauntes Gesicht. „Ich habe mich mein ganzes Leben lang nicht einsam gefühlt. Und ich bin nun fast ein ganzes Jahrhundert auf dieser Welt."

Linda kicherte. „Na, so alt können Sie ja doch nicht

sein“, sagte sie. „Ich wette, daß Sie um einiges jünger sind als Maggie Rafferty.“

„Das herauszufinden ist meine Sache“, erwiderte Mike, und Linda gab es auf, ihm sein Alter zu entlokken, aus dem er schon immer ein Geheimnis gemacht hatte.

„Und was soll das ganze Gerede von Einsamkeit und so?“ fragte er und kräuselte die Stirn. „Du willst doch nicht, daß ich mich mit Maggie Rafferty zusammentue. Nein, das kommt mir nicht in die Tüte! Ich bin mein Leben lang Junggeselle gewesen, und ich werde es auch bleiben. Das hätte mir noch gefehlt, daß so eine komische alte Schrulle mir in alles dreinredet!“

Linda wäre nie auf diese Idee gekommen. „Wo denken Sie hin, Mike“, sagte sie. „Ich dachte doch nicht an Maggie, sondern an Ludwig. Er braucht ein Zuhause, und er mag Sie. Sehen Sie doch, wie er mit dem Schwanz wedelt.“

Mike warf einen Blick auf den Hund. „Na, ja, so übel ist dieser Gedanke gar nicht“, gab er zu. „Jedenfalls finde ich es weitaus besser, mit einem Hund zusammenzuleben als mit einer Frau.“ Er streckte den Arm aus, um Ludwigs Kopf zu kraulen. „Ich werde darüber nachdenken. Ich kann dir jedoch nichts versprechen. Aber ich werde mir die Sache durch den Kopf gehen lassen.“

Linda strahlte. „Ist das Ihr Ernst, Mike?“

„Sieh dir doch mal die beiden Welpen an, Linda“, sagte Toby. In seinen dunklen Locken steckten Strohhalme, und seine Wangen waren vom Herumtoben gerötet. „Der Dicke mit dem geringelten Schwanz scheint mich zu mögen“, sagte er stolz. „Aber der andere auch. Ich werde meine Eltern fragen, ob ich sie haben darf. Wir haben schließlich nur einen Hund auf dem ganzen Hof. Ich wette, sie haben nichts dagegen."

Linda kniete sich neben Toby ins Stroh. Die beiden Welpen hüpften sofort an ihr hoch und kläfften freudig. Linda kicherte, als die beiden ihr Gesicht leckten.

„Das wäre fabelhaft, Toby", sagte sie. „Ich frage mich, was für Hunde es sind. Es ist klar, daß es Mischlinge sind, aber ich kann nicht sagen, wie sie einmal aussehen werden, wenn sie groß sind."

„Das ist auch nicht wichtig", meinte Toby glücklich. „Aber ich bin mir ganz sicher, daß sie ziemlich groß werden. Sieh dir nur die riesigen Pfoten an, die sind ja wie Boxhandschuhe!"

Ghost hob den Kopf und schnaubte, weil ihm keine Beachtung geschenkt wurde und sich alles nur noch um die beiden Hunde drehte.

„Gleich bin ich bei dir, Ghost", rief Linda dem Wallach zu, während sie den dickeren der beiden Welpen am Bauch kraulte. „Und dann machen wir einen schönen Ausritt."

„Linda? Wo steckst du denn?" rief Teddy, der soeben in den Stall stürmte.

„Hier drüben", rief Linda ihm zu. „Komm her, und sieh dir die zwei Welpen an!"

„Stell dir vor, Linda, Maggie Rafferty hat angerufen, und ich habe mich gemeldet genau wie du. Ich sagte: ‚Hier Tierarztpraxis Doktor Taylor. Guten Tag.' Und darauf sagte sie . . ." Doch da sah er die beiden kleinen Hunde und warf sich zu ihnen in die Streu. „Sind die aber süß!" rief er entzückt. „Linda, meinst du, Paps läßt es zu, daß wir einen mit nach Hause nehmen? Ich wette, Jocko und Sunshine wären begeistert, wenn sie einen so drolligen Spielgefährten bekämen."

„Nicht aber Cleveland", sagte Linda. „Außerdem will Toby seine Eltern fragen, ob er sie haben darf. Auf dem Hof der Currans ist jede Menge Platz für sie."

„Oh", sagte Toby und machte ein enttäuschtes Gesicht. „Sag mal, Toby, wenn du sie mit nach Hause nimmst, darf ich hin und wieder zu euch kommen und mit ihnen spielen? Weißt du schon, wie du sie nennen wirst? Sind es Rüden oder Hündinnen?"

„Na klar, kannst du mit ihnen spielen", sagte Toby. „Ich hab' mir noch keine Namen für sie ausgedacht. Der dickere ist ein Rüde. Paß auf, sie haben schon ganz scharfe Zähne."

Da kam der deutsche Schäferhund auf Teddy zu und ließ sich von ihm streicheln.

„Ist er ihr Vater?" wollte der Junge wissen.

„Ich glaube nicht", sagte Linda. „Er heißt übrigens Ludwig, zumindest will Mike ihn so nennen. Es kann nämlich sein, daß er ihn zu sich nimmt ..."

„Ich habe nur gesagt, daß ich es mir überlegen werde", unterbrach Mike sie. „Noch habe ich mich nicht dafür entschieden."

Teddy tollte mit den beiden Welpen im Stroh herum und quietschte vor Vergnügen, wenn sie mit ihren riesigen Pfoten auf seinem Bauch herumtapsten und ihm mit ihren kleinen Zungen das Gesicht leckten.

So hörte Linda gar nicht, daß ihr Vater sie von der Stalltür aus rief. „Linda, willst du nun mitkommen?" wiederholte er so lange, bis sie den Kopf in seine Richtung wandte.

„Wohin denn?“ rief Linda zurück.

„Zur Farm von John Wetzel. Hat es dir Teddy nicht ausgerichtet?“

Teddy setzte sich auf und drückte einen der Welpen an die Brust. „Oh, Paps, das habe ich ganz vergessen. Entschuldige.“

„Klar, bei der Ablenkung ist das kein Wunder“, sagte der Tierarzt und lächelte. „Fräulein Maggie hat vorhin angerufen und gesagt, daß sie aus ganz zuverlässiger Quelle erfahren hat, daß John Wetzel vor kurzem einen Esel erstanden hat, den er ziemlich mißhandeln soll. Maggie sagt, er prügelt ihn fast zu Tode. Vielleicht übertreibt sie ein wenig, aber ich nehme eher an, daß sie die Wahrheit sagt. Ich habe ihr versprochen, daß ich zu Wetzel fahre und mir mal den Esel anschaue. Vielleicht brauche ich Hilfe. Willst du mitkommen, Linda?“

Linda sprang auf die Beine. „Natürlich, Paps. Warte, ich hole nur meine Tasche.“ Sie wollte schon davoneilen, als sie sich an Ghost erinnerte. Sie legte ihre Arme um seinen Hals und sagte: „Tut mir leid, Ghost, wir werden später ausreiten.“

„Ich lasse ihn inzwischen auf die Koppel“, sagte Mike. „Geh nur!“

Nun erhob sich auch Toby und klopfte sich das Stroh von den Kleidern. „Kann ich auch mitkommen, Doktor?“ fragte er. „Ich kenne John Wetzel zwar nicht, aber ich hab’ schon viel über ihn gehört. Man sagt, daß er ein ziemlich grober Kerl sein soll. Da kann es nicht schaden, wenn Sie Verstärkung haben.“

„Ich bleibe hier bei den Hunden“, sagte Teddy. „Sie

sollen sich schließlich nicht einsam fühlen."

Der Tierarzt lächelte und meinte: „Ist in Ordnung, Teddy. Linda, bitte bring auch meine Instrumententasche mit. Ich warte mit Toby im Wagen auf dich."

Linda rannte in das Behandlungszimmer. Wie kann man nur ein hilfloses Tier quälen? dachte sie, und Wut stieg in ihr hoch. Toby hat sicher recht, John Wetzel mußte ein grober Kerl sein.

Armer Pedro!

„Was für ein heruntergekommener Hof!" sagte Linda, als sie mit Toby und ihrem Vater die holprige Straße entlangfuhr, die zu einem baufälligen Bauernhaus führte. Der Verputz des Stallgebäudes war abgebröckelt, und das Dach hing in der Mitte durch wie der Rücken eines Pferdes. Ein paar zerrupfte Hühner scharrten im sandigen Boden oder bekämpften sich gegenseitig. Ein Schwein sudelte sich mit seinen Jungen im Dreck, der vor dem Schweinestall lag.

Linda hielt sich angeekelt die Nase zu. „Puh, das stinkt aber!" sagte sie.

Das Wohnhaus war in einem ebenso verwahrlosten Zustand. Der weiße Verputz war nur noch stellenweise zu erkennen, die Grundmauern waren feucht und modrig. Ein gefährlich aussehender Hund, der an einem kurzen Strick angebunden war, kläffte sie laut an. Es schien geradezu, als wollte er jeden in Stücke reißen, der es wagte, sich dem Haus zu nähern.

4 9877-8

„Mein Vater hat gesagt, Herr Wetzel ist schuld daran, wenn die Bauern in Verruf kommen", sagte Toby. „Er meint, es sei keine Schande, arm zu sein, wohl aber, faul und bösartig."

Doktor Taylor hielt den Kombi vor dem Stallgebäude an. Linda dachte, ihr würde jeden Moment übel, so sehr stank es nach Jauche und Schweinemist.

„Wartet hier auf mich", wandte sich der Tierarzt an die beiden, als er aus dem Wagen stieg. „Ich sehe zuerst nach, ob er überhaupt da ist."

Er mußte nicht weit gehen, denn sogleich trat ein Mann in einem dreckigen Overall und einer Mistgabel in der Hand aus der Stalltür. Auf dem Kopf trug er einen verbeulten Strohhut, unter dessen breiter Krempe kleine zugekniffene Augen hervorschauten. Linda mußte bei seinem Anblick unwillkürlich an das Frettchen denken, das Teddy einmal nach Hause gebracht hatte. Nur war Frank – so hieß das Frettchen – viel freundlicher gewesen als dieser Mann da.

„Was haben Sie auf meinem Grundstück zu suchen?" fuhr er den Tierarzt an. „Haben Sie nicht das Schild an der Straße gesehen, auf dem steht: *Durchgang verboten*? Oder können Sie nicht lesen?"

„Gestatten Sie, daß ich mich vorstelle", sagte der Tierarzt mit ruhiger Stimme. „Ich bin Doktor Taylor. Und Sie sind Herr Wetzel, nicht wahr?"

„Na und? Ich habe Sie nicht gerufen. Hier ist niemand krank. Wir brauchen keinen Quacksalber!"

„Hab' ich es dir nicht gesagt?" flüsterte Toby Linda zu. „Er ist wirklich ein brutaler Typ."

„Ich bin Tierarzt", sagte Doktor Taylor. „Und Vor-

„Hier ist niemand krank. Wir brauchen keinen Quacksalber", knurrte Wetzel

standsmitglied des Tierschutzvereins von Essex. Wir haben gehört, daß Sie einen Esel namens Pedro haben. Stimmt das?"

„Das geht Sie einen feuchten Dreck an", erwiderte John Wetzel. „Können Sie mir sagen, warum Sie hier herumschnüffeln? Meine Tiere gehen niemanden was an."

„Aber den Tierschutzverein geht es wohl etwas an, wenn ein Tier mißhandelt wird", sagte Doktor Taylor. Seine Stimme hatte einen scharfen Ton angenommen, und er sah John Wetzel direkt in die Augen, die nun noch zugekniffener waren.

Wetzel umklammerte mit seinen kräftigen Händen die Mistgabel, und Linda drückte sich ängstlich an Tobys Arm. Was sollten sie tun, wenn er jetzt auf ihren Vater losging? fragte sie sich.

Toby riß die Wagentür auf und sprang aus dem Kombi. Linda folgte seinem Beispiel, und dann rannten beide auf den Tierarzt zu.

„Wer behauptet das?" fragte Wetzel. „Wer wagt es, zu behaupten, daß ich Pedro mißhandle?"

„Dann haben Sie also einen Esel namens Pedro?" hakte der Tierarzt nach.

Wetzels Miene verdüsterte sich. „Und wenn schon? Das geht weder Sie etwas an noch den Tierschutzverein." Da sah er Linda und Toby. „Wer sind denn die beiden? Die haben wohl auch nicht mein Schild beachtet. Ich werde auf der Stelle die Polizei rufen. Ja, das werde ich."

„Das lassen Sie lieber bleiben, Herr Wetzel", sagte Doktor Taylor. „Denn wenn Sie das tun und die Polizei erfährt, daß Sie ein Tierquäler sind, können Sie mit einer ziemlich hohen Geldstrafe rechnen. Die beiden jungen Leute sind mit mir gekommen. Es sind meine Tochter Linda und ihr Freund Toby Curran."

„Curran? Den Namen kenne ich doch", brummte John Wetzel und schaute Toby grübelnd an. „Dein Vater hat doch einen großen Hof und eine Molkerei. Du hast hier ebensowenig zu suchen."

Tobys Ohren liefen feuerrot an, und er ballte die Hände zu Fäusten. Bevor er aber etwas erwidern konnte, sagte der Tierarzt: „Haben Sie was dagegen, Herr Wetzel, wenn ich mir mal Ihren Pedro ansehe? Wenn ihm was fehlt, kann ich ihm helfen. Glauben Sie mir, mit dem Tierschutzverein ist nicht zu spaßen."

Herr Wetzel schien plötzlich in sich zusammenzufallen wie ein Ballon, aus dem Luft entweicht. Er konnte sich nur mit Mühe aufrecht halten, während er mit zittriger Stimme sagte: „Doktor, die Sache ist so: Ich bin ein armer Bauer, wie Sie sehen. Ich kann mir keine modernen Maschinen leisten und weiß keinen Monat, wie ich über die Runden kommen soll. Als ich diesen Esel günstig haben konnte, griff ich natürlich zu, denn diese Sorte von wilden Eseln ist besonders kräftig und als Arbeitstier geeignet. Aber da hatte ich mich gewaltig getäuscht, denn so was Störrisches ist mir noch nie im Leben untergekommen. Doktor, es gibt wirklich gute und schlechte Tiere, und dieser Pedro ist ein übler Bursche. Alles, was er tut, ist fressen. Und will man sich ihm nähern, dann schlägt er aus wie ein Verrückter. Da ist es doch klar, daß er hin und wieder Prügel braucht. Das werden Sie wohl einsehen?" Er warf Linda und Toby einen mißtrauischen Blick zu und meinte: „Das ist wie mit Kindern. Da geht es auch nicht ohne Schläge ab, wenn man sie erziehen will. Richtig, Doktor? Es gibt wirklich nichts Störrischeres als einen Esel. Na ja, Maultiere sind auch nicht viel besser. Denken Sie daran, Doktor, wenn Sie ihn sich ansehen. Und vergessen Sie nicht, ich habe ihn bei mir aufgenommen, als er in einem katastrophalen Zustand war. Aber das hat mir dieses elende Tier nie gedankt."

Hier aufgenommen, in diesem verlotterten Stall, dachte Linda, verkniff es sich aber, Herrn Wetzel zu sagen, was sie dachte.

„Na, dann werde ich mir mal Ihren Pedro ansehen", meinte der Tierarzt ruhig, aber die weißen Knöchel an seiner Hand, die den Griff der Medikamententasche umklammerte, verrieten seine Erregung.

„Selbstverständlich können Sie das tun. Aber vergessen Sie nicht, was ich Ihnen vorhin gesagt habe. Er ist ein bösartiges Tier. Da ist es einfach notwendig, daß man ihm hin und wieder eine Tracht Prügel verpaßt."

Wetzel überquerte den stinkenden Hof, und der Tierarzt und die anderen folgten ihm. Dann betraten sie den verwahrlosten Pferdestall. Wetzel blieb vor einer Box, aus der es nach dreckiger Streu stank, stehen.

Es war so finster hier drinnen, daß Linda Mühe hatte, den Esel zu sehen. Aber als sich ihre Augen an die Dunkelheit gewöhnt hatten, konnte sie den hängenden Kopf des Tieres ausmachen. Fliegen umschwirrten ihn und saßen auf dem von Dreck verkrusteten Fell.

„Da ist er", sagte Wetzel, „dieser störrische Kerl. Ich wollte ihm klar zu verstehen geben, wer hier der Boß ist, aber glauben Sie, der hätte auf mich gehört?"

Als der Esel Wetzels Stimme hörte, legte er seine langen Ohren zurück und schlug mit den Hinterhufen aus, obwohl er kaum noch bei Kräften war.

„Na, was habe ich gesagt?" triumphierte Wetzel.

„Ja, ja", brummte der Tierarzt in seinen Bart.

Linda war den Tränen nahe. Noch nie war ihr ein Tier untergekommen, das in einer so schlechten Verfassung war — mit Ausnahme von Gigi und Leo, die sie letzten Herbst vor dem sicheren Tod gerettet hatten. Das Äffchen und das Löwenbaby waren völlig abgemagert und verwahrlost von dem Wanderzirkus Zefferelli zu ihnen gekommen.

Pedro konnte sich kaum noch auf den Beinen halten. Aber dennoch hatte er noch nicht aufgegeben. Mit letzter Kraft schien er gegen den Mann anzukämpfen, der ihn so schrecklich mißhandelt hatte. Aber man sah ihm dennoch an, daß er bald am Ende war.

Doktor Taylor untersuchte den Esel gar nicht, er erkannte mit einem Blick, wie es um das arme Tier stand. „Wenn er nicht in die Klinik kommt, stirbt er", sagte er verbittert. „Aber er ist zu groß für den Kombi." Er wandte sich an Wetzel: „Haben Sie einen Lastwagen?"

„Und wenn es so wäre?" fragte der Bauer und trat von einem Bein auf das andere. Er wagte es nicht, dem Tierarzt in die Augen zu schauen.

„Dann holen Sie ihn", sagte Doktor Taylor, und seine Stimme klang scharf. So wütend hatte Linda ihren Vater noch nie gesehen.

„Aber zuerst müssen Sie mir verraten, wozu Sie den Lastwagen brauchen", sagte Wetzel.

„Sie werden den Esel mit dem Lastwagen zu meiner Klinik fahren“, erwiderte der Tierarzt. „Mal sehen, ob es mir gelingt, den armen Kerl zu retten. Hier im Stall kann ich ihn nicht behandeln. Aber in der Klinik wird es vielleicht noch möglich sein.“

„Na ja. Meinen Sie wirklich ...“ Wetzel konnte den Satz nicht zu Ende sprechen, denn der Tierarzt fiel ihm ins Wort.

„Wetzel, Sie holen auf der Stelle den Lastwagen!“

Der Bauer starrte ihn an, dann schweiften seine Blikke von Linda zu Toby. Allen drei Gesichtern konnte er entnehmen, daß die Sache ernst war, und so wandte er ihnen den Rücken zu und schlürfte, etwas vor sich her brummend, davon.

Als er verschwunden war, sagte Linda entrüstet: „Paps, dieser Mann gehört eingesperrt. So ein Tierschinder!“

„Am liebsten würde ich ihm eine ordentliche Tracht Prügel verabreichen, so wie er es mit Pedro gemacht hat“, meinte Toby.

„Ja, dazu hätte ich auch größte Lust“, sagte der Tierarzt.

„Aber wir sollten uns lieber um Pedro kümmern. Der ist jetzt viel wichtiger. Ich werde Wetzel jedenfalls wegen Tierquälerei anzeigen. Entweder bekommt er dann eine saftige Geldstrafe, oder er muß sogar ins Gefängnis. Ich hoffe nur, daß Pedro noch zu retten ist.“

Linda versuchte, sich dem Esel zu nähern, aber Pedro schnappte sogleich nach ihrer ausgestreckten Hand, die sie gerade noch rechtzeitig zurückziehen konnte.

„Ich tu dir doch nichts, Pedro“, versuchte sie ihn zu

besänftigen. „Wir wollen dir nur helfen. Wir sind nicht wie dieser böse Mann. Du brauchst keine Angst zu haben."

„Linda, bitte geh zurück!" befahl ihr der Tierarzt und packte sie am Arm. „Er weiß nicht, was Freundlichkeit ist, deshalb kann er auch nicht damit umgehen. Sollte er am Leben bleiben, dann können wir ihm zeigen, daß er Menschen auch vertrauen kann. Aber bisher hat er es nur mit Herzlosigkeit und Brutalität zu tun gehabt."

Doktor Taylor legte einen Arm um Lindas Schultern und betrachtete sorgenvoll den Esel. Hoffentlich kam seine Hilfe nicht zu spät, dachte er. Womöglich lebte das arme Tier nur noch wenige Stunden? Pedro stand schon ganz unsicher auf den Beinen, und sein Atem ging unregelmäßig und geräuschvoll.

„O Paps!" rief Linda verzweifelt und vergrub ihr Gesicht in der Brust ihres Vaters.

Da dröhnte vor dem Stall lautes Motorengeräusch.

„Komm, Toby, du mußt mir jetzt helfen, den Esel in den Wagen zu kriegen", sagte Doktor Taylor. Er ergriff den Strick, der um den Hals des Esels gebunden war. Pedro wehrte sich mit letzter Kraft, versuchte zuzubeißen und schlug mit den Hinterbeinen aus. Aber er gab es bald auf, denn er war zu schwach. Der Tierarzt zog an dem Strick, und der Esel folgte ihm willig. Er wehrte sich auch nicht, als er auf den Lastwagen verladen wurde. Das ging leichter, als alle angenommen hatten, denn er war so abgemagert, daß er nicht mehr viel wog.

Wetzel schaute aus dem Fenster der Führerkabine. „Ich erinnere Sie nur daran, daß Sie sich fremden Eigentums bemächtigen", rief er dem Tierarzt zu.

„Stehlen nennt man das. Ja, Sie stehlen mir meinen Esel!"

Der Tierarzt ging auf Wetzel zu und sagte: „Und ich erinnere Sie daran, daß Sie große Schwierigkeiten bekommen werden, wenn der Esel stirbt. Aber vorerst müssen Sie mit einer saftigen Geldstrafe rechnen. Und ich rate Ihnen, sie sofort zu bezahlen, wenn Sie nicht im Gefängnis landen wollen und Ihr Hof nicht versteigert werden soll." Dann wandte er sich Linda und Toby zu: „Kommt, ihr beiden, wir fahren los." Wetzel rief er zu: „Sie fahren mir nach zur Tierklinik!"

Wenig später fuhren sie den holprigen Weg zur Landstraße hinauf.

„Das wäre wirklich ein Wunder, wenn Pedro überlebt", brach Toby das Schweigen, und Linda stimmte ihm zu. Sie hoffte nur, daß der Esel noch bis zum Eintreffen in der Klinik durchhielt. Dann schwiegen sie für den Rest der Fahrt. Sie saßen gedankenversunken da; jeder wußte, was der andere dachte, weshalb Worte überflüssig waren.

Dann bog der Tierarzt in die Birkenallee ein. Linda war die Fahrt endlos vorgekommen. Sie drehte sich auf ihrem Sitz um, um sich davon zu überzeugen, daß Wetzel ihnen noch immer folgte. Sie hatte befürchtet, er könne die Landstraße weiterfahren, aber auch er war in die Seitenstraße, die zum Tier-Treff führte, eingebogen.

Doktor Taylor hielt den Wagen vor dem Haupteingang der Klinik an, und Toby und Linda sprangen heraus.

„Ich sage Mike, daß er uns behilflich sein soll", meinte Toby und rannte in Richtung Stall. Er wäre beinahe mit

Teddy zusammengestoßen, der gerade aus der Stalltür trat.

„Wo ist der Esel?“ erkundigte sich der Junge. „Ist er in diesem klapprigen Lastwagen?“

„Ja“, sagte Toby.

„Und wo wollt ihr ihn unterbringen?“ fragte Teddy. „Der Stall ist doch voll.“ Dann ging er mit Linda und seinem Vater auf den Lastwagen zu.

Linda hatte gar nicht daran gedacht, daß der Stall bereits überfüllt war, aber ihr Vater hatte sich bereits vorher alles genau überlegt.

„Teddy, du kannst uns eine große Hilfe sein, wenn du die Welpen in das Untersuchungszimmer trägst. Und bringe den deutschen Schäferhund auch dorthin. Dann ist im Stall Platz für Pedro. Lauf schon!“ ermahnte er den Jungen, der noch immer wie angewurzelt dastand.

„Darf ich nicht den Esel sehen?“ fragte Teddy. „Ich habe noch nie einen gestreichelt.“

Linda wußte, daß ihr Vater es sicher nicht wollte, daß Teddy den Esel in diesem schlimmen Zustand zu sehen bekam, weshalb sie zu ihm sagte: „Du wirst ihn bald sehen, Teddy. Tu jetzt, was Paps von dir verlangt. Und bleibe bei den Hunden, bis sie sich an ihre neue Umgebung gewöhnt haben. Und kümmere dich auch um die Kätzchen. Ich wette, sie fühlen sich einsam und verlassen.“

Teddys Miene hellte sich auf. „Au, fein!“ rief er begeistert. „Die Kätzchen habe ich ganz vergessen.“

Und schon rannte er los. Toby und Mike kamen aus dem Stall. Wetzel saß noch immer in der Führerkabine und machte ein finsteres Gesicht.

Dann hoben der Tierarzt und Mike den Esel mit größter Vorsicht aus dem Lastwagen und trugen ihn in den Stall. Linda schaute ihnen besorgt zu. Wetzel ließ den Motor an und fuhr los. Bevor er in die Birkenallee einbog, steckte er den Kopf aus dem Wagenfenster und rief: „Diebstahl ist das! Ja, das ist es. Ich werde euch anzeigen, dessen könnt ihr sicher sein." Dann donnerte er davon und ließ eine graue Rauchwolke hinter sich zurück.

Linda stand mit geballten Fäusten da und schrie ihm nach: „Pedro ist kein schlechtes Tier, Sie sind ein schlechter Mensch! Ich hoffe, daß Ihr gräßlicher Hund Sie auffrißt, wenn Sie nach Hause kommen!" Es war ihr klar, daß er sie nicht mehr hören konnte, aber jetzt fühlte sie sich erleichtert, da sie sich Luft gemacht hatte. Dann ging sie zu den anderen in den Stall, um zu fragen, ob sie gebraucht wurde.

Pläne für das Volksfest

Als erstes gab der Tierarzt dem Esel eine schmerzstillende Spritze und ein Beruhigungsmittel, damit er sich seine Wunden besser ansehen konnte. Er bekam auch eine Antibiotikum-Spritze für den Fall, daß eine Infektion auftreten sollte. Sein Körper war nämlich mit offenen Wunden übersät. Linda brachte ihm Futter und einen Kübel mit frischem Wasser. Aber Pedro schnaubte nur mißtrauisch und rührte nichts an. Mike sagte, er würde sich mit dem Esel unterhalten und sicher würde er sich dazu überreden lassen, etwas zu fressen. Mike führte nämlich mit allen Tieren endlose Gespräche und war fest davon überzeugt, daß sie ihn verstanden.

„Er hat zu niemandem Vertrauen", sagte er und schüttelte betrübt den Kopf. „Aber das ist nur allzu verständlich. Laßt mich eine Weile mit ihm allein. Dann werde ich mich mit ihm ausführlich unterhalten."

Linda seufzte. „Ich weiß nicht, ob dafür noch Zeit sein wird."

„Linda, wir tun, was wir können", erinnerte sie ihr Vater. „Ich glaube, wir werden es schaffen. Aber es wird eine Weile dauern. Wo ist eigentlich Toby? Er war doch noch vor einer Minute da."

„Ich glaube, er ist telefonieren gegangen. Er wollte seine Eltern wegen der Welpen fragen", erwiderte Linda. „Und Teddy spielt sicherlich noch mit den Kätzchen."

„Ach die!" sagte der Tierarzt. „Die habe ich ganz vergessen."

„Du hast doch gesagt, wir dürfen sie behalten, bis wir ein Zuhause für sie gefunden haben", erinnerte Linda ihn.

Der Tierarzt nickte. „Natürlich. Ich glaube, ich sollte meinen Kopf mal untersuchen lassen", fügte er lachend hinzu. „Linda, du solltest jetzt Teddy und die Katzenbabys holen. Es ist Zeit, daß wir nach Hause fahren. Ich weiß nicht, wie du dich fühlst, aber ich falle fast um vor Hunger." Er warf einen Blick auf seine Armbanduhr. „Mein Gott, es ist ja schon Viertel nach drei!"

Lindas Magen begann ebenfalls zu knurren. Aber da kam ihr plötzlich Ghost in den Sinn. Sie hatte sich vorgenommen, mit ihm heute nachmittag auszureiten, doch das war jetzt nicht mehr möglich. „Ich bin sofort zurück", sagte sie zu ihrem Vater und rannte aus dem Stall, hinüber zur Koppel, auf der Ghost friedlich graste. Als er Lindas Pfeifen hörte, hob er den Kopf und trottete auf den Koppelzaun zu.

„Tut mir leid, Ghost", sagte Linda und kraulte ihn hinter den Ohren. „Ich verspreche dir, daß wir morgen ausreiten. Gleich nach der Schule. Einverstanden?"

Es sah so aus, als nickte der Grauschimmel.

„Wenn Mike dich in den Stall führt, dann wirst du dort eine Überraschung erleben", fuhr Linda fort. „Neben deiner Box ist nämlich ein Esel. Er ist nicht gerade freundlich, aber das kommt daher, daß noch nie jemand nett zu ihm gewesen ist. Sein Besitzer hat ihn in einem fort geschlagen. Versprich mir, daß du nett zu ihm bist, Ghost. In bin sicher, daß ihr dieselbe Sprache sprecht. In deiner und Mikes Gesellschaft wird er sich sicher bald wohler fühlen." Sie drückte dem Pferd einen Kuß auf die samtene Nase und eilte zurück zum Tier-Treff. Toby stand mit einem breiten Grinsen in der Tür und wartete bereits auf sie.

„Meine Eltern sind einverstanden damit, daß ich die zwei Welpen nach Hause bringe", verkündete er strahlend.

„O Toby, das ist ja fabelhaft", freute sich Linda. „Aber du kannst sie unmöglich auf deinem Rad mitnehmen. Wir fahren dich mit dem Wagen heim. Ich bin sicher, Paps tut das gerne."

Selbstverständlich war der Tierarzt bereit, Toby nach Hause zu fahren. So verstaute der Junge sein Fahrrad im Kofferraum des Kombis und nahm dann mit den beiden Welpen auf dem Schoß auf dem Rücksitz Platz. Teddy setzte sich neben ihn. Er hatte den Karton mit den Kätzchen auf den Knien. Diese wollten sogleich herausklettern, und die Welpen beschnupperten sie neugierig. Die Katzenbabys krümmten den Rücken und sträubten das Fell. Dann fauchten sie die Hunde an. Damit wieder Ruhe einkehrte, nahm Linda, die vorne saß, den Karton mit den Kätzchen an sich, und Teddy konnte ungestört mit den Hunden spielen.

Der Tierarzt ließ gerade den Motor an, da sagte Linda erschrocken: „Meine Güte, wir haben ja Ludwig ganz vergessen!"

Ihr Vater sah sie verwundert an. „Wer ist Ludwig?" wollte er wissen.

„Der deutsche Schäferhund, Paps. Ich habe versucht, Mike zu überreden, ihn zu sich zu nehmen, doch er sagte, er müsse es sich noch überlegen. Aber bis dahin könnten wir ..."

„Nein", unterbrach ihr Vater sie sogleich. „Zu uns kommt kein weiteres Tier. Wir haben schon mehr als genug. Nicht einmal eine Maus, von einem Schäferhund ganz zu schweigen." Er schaute aus dem Wagenfenster. „Ist das dort Ludwig?" fragte er.

Linda warf ebenfalls einen Blick aus dem Fenster und sah Mike und Ludwig vor dem Eingang des kleinen Nebengebäudes der Klinik stehen. Der Hund wedelte freudig mit dem Schwanz.

„Ja, das ist er", sagte sie zu ihrem Vater. „Es sieht ganz so aus, als hätte er sein Herrchen bereits gefunden."

„Ich habe dir nichts versprochen!" rief Mike Linda zu. „So ein großer Hund würde sicher mein ganzes Leben durcheinanderbringen." Doch während er sprach, tätschelte er liebevoll den Kopf des Hundes.

„Die beiden passen gut zusammen", stellte der Tierarzt fest und lächelte Mike zu. Dann gab er Gas und fuhr die Birkenallee entlang.

Sie hatten Toby und die Welpen am Hof der Currans bereits abgesetzt, als Linda plötzlich einfiel, daß sie ganz vergessen hatte, mit Toby über den Jahrmarkt zu reden. Aber das war nur allzu verständlich bei all dem Trubel. Dienstag, wenn sie sich im Tier-Treff wiedersahen, würde sie darauf zu sprechen kommen.

In der Zwischenzeit wollte sie mit der Aufstellung des zuständigen Ausschusses beginnen. Teddy und Erin waren bereits fest eingeplant. Die beiden würden sicher eine Menge Kinder aus ihrer Schule für ihr Vorhaben gewinnen. Sie nahm sich vor, gleich nach dem Essen Jill Dearborne, ihre beste Freundin, anzurufen. Jill würde sicher einige originelle Ideen haben, wie sie Geld verdienen könnten. Dafür war sie im Alexander-Hamilton-Gymnasium bekannt. Wann immer sie Spendengelder brauchten, wurde Jill gefragt. Linda versuchte gerade, eines der Kätzchen, das aus dem Karton klettern wollte, festzuhalten, und dabei kam ihr in den Sinn, daß sich Jill sicher über ein Katzenbaby freuen würde. Sie hatte ja keine Geschwister und auch noch kein einziges Haustier.

Jill kam gleich, nachdem Linda sie noch mit vollem Mund angerufen hatte, zu den Taylors herüber.

„Jill, schau dir die Kätzchen an!" rief Erin aus dem Wohnzimmer, kaum, daß Jill den Flur betreten hatte.

„So was Goldiges hast du noch nie gesehen!"

Erin saß mit ihrer Freundin Olivia auf dem Fußboden, und die beiden Mädchen ließen die Kätzchen auf ihren Körpern herumklettern.

„Sie sind noch zu haben, Jill", sagte Linda und nahm das weiße Kätzchen hoch, um es Jill in die Arme zu legen.

„Sind die süß!" begeisterte sich Jill. „Wie kann man nur so herzlos sein und so wehrlose kleine Geschöpfe aussetzen", sagte sie. Doch da grub das Kätzchen seine scharfen Krallen in Jills Arm, und diese fügte rasch hinzu: „Vielleicht ist ‚wehrlos' nicht das richtige Wort dafür." Sie drückte das weiße Fellknäuel gegen die Wange. „Ich frage mich, was Mama wohl sagen würde, wenn wir Familienzuwachs bekämen?"

„Ich wette, sie würde sich darüber freuen", sagte Linda stürmisch. „Katzen machen überhaupt keine Arbeit, sie sind außerdem sehr reinlich."

Jills Mutter war Innenarchitektin, und das Haus der Dearbornes war ein wahres Schmuckstück. Es sah immer so aufgeräumt aus, als erwarteten sie jeden Augenblick einen Fotografen, der es für eine Zeitschrift über schönes Wohnen fotografieren sollte. Es war in keiner Weise zu vergleichen mit dem alten Steinhaus, in dem die Tierarztfamilie wohnte.

„Ich weiß nicht so recht", sagte Jill und schmuste mit dem Kätzchen. „Sie zerkratzen doch die Möbel und die Stoffbezüge. Aus diesem Grund mußte ich schon einmal ein Kätzchen weggeben. Es ruinierte nämlich Mamas Lieblingsstuhl. Vielleicht, wenn wir ihm die Krallen entfernen ließen . . ."

5 9877-8

Linda spürte, wie ihr eine Gänsehaut über den Rükken lief. Sie hegte eine tiefe Abneigung gegen Katzenhalter, die mit diesem Wunsch in die Tierklinik kamen. Wie sollte ein so armes Tier sich zur Wehr setzen oder gar auf einen Baum klettern? Aber dennoch sagte sie zu Jill: „Warum sprichst du nicht in aller Ruhe mit deiner Mutter darüber? Du kannst auch das Kätzchen mit nach Hause nehmen, damit sie es sieht."

„Ja, das ist eine gute Idee", meinte Jill. „Ich würde sie Ophelia nennen . . . Übrigens, wie geht es Cleveland?"

„Oh, der ist wieder mal sauer. Als er die Kätzchen sah, fauchte er laut und schoß die Treppe hinauf. Dann verkroch er sich unter meinem Bett und hat sich seitdem nicht mehr blicken lassen. Teddy hat die Hunde hinter das Haus verbannt. Sie dachten nämlich, die Kätzchen wären ein Spielzeug für sie. Sie hätten ihnen sicher nichts getan, aber wenn sie übermütig sind, können sie ganz schön grob sein."

Jill ließ sich auf das Sofa fallen. Das Kätzchen saß nun auf ihrer Schulter. „Komm, laß uns über den Jahrmarkt reden. Ich finde, das ist eine Spitzenidee, und es schaut dabei sicher eine Menge Geld für den Tierschutzverein heraus. Was könnte ich nur tun?"

„Du sollst dir ein paar Möglichkeiten ausdenken, was die Kinder alles tun können, um Geld zu verdienen. Vielleicht kennst du jemanden, der eine Tombola veranstaltet oder Sachen zum Verkauf spendet. Deine Eltern haben doch einen großen Bekanntenkreis. Frag sie mal, ob sie sich umhören wollen. Aber unsere Aufgabe ist es, vor allem Kinder auf dem Jahrmarkt zu beschäftigen. Sie sollen Sachen herstellen, die wir dann verkaufen. Natürlich können wir für diese nicht viel verlangen. Aber die Kinder bringen ihre Eltern mit, und die lassen ihr Geld hier."

Die beiden Mädchen steckten die Köpfe zusammen, und gemeinsam mit Erins und Olivias Hilfe dachten sie sich eine ganze Reihe von Aktivitäten aus. Jill wollte Kinder als Clowns schminken, und Erin versprach, ihr dabei zu helfen. Olivia schlug ein Wettrennen auf drei „Beinen" vor. Linda dachte sich eine Tierschau aus, bei der die fetteste Katze, das kleinste oder ausgefallenste Haustier und andere Besonderheiten ausgezeichnet werden sollten.

Als Teddy von draußen hereinkam, wo er mit den Hunden gespielt hatte, sagte er, daß seine Pfadfindergruppe sicher auch mitmachen würde. Er meinte, sie sollten einen Umzug veranstalten. Und jeder, der Lust dazu hätte, könnte mitmachen.

„Ja, das ist eine fabelhafte Idee", sagte Linda. „Das müssen wir gleich Paps sagen. Ja, alle sollen sich an dem Umzug beteiligen, und er sollte von der Stadt zum Jahrmarkt führen."

„Wo findet er eigentlich statt?" fragte Jill.

„Das kann uns Paps beantworten", erwiderte Linda.

„Was kann ich beantworten?" ertönte in diesem Augenblick die Stimme des Tierarztes, der soeben das Wohnzimmer betrat. Er nahm eines der Kätzchen hoch, das sich zwischen seinen Füßen tummelte, und drückte es Teddy in den Arm. Er lächelte Jill zu, auf deren Schoß Ophelia gerade ein Nickerchen hielt. „Da scheinen sich zwei gefunden zu haben", sagte er lachend zu Jill.

„Sie heißt Ophelia", erzählte Jill dem Tierarzt. „Oder wird so heißen, wenn Mama mir erlaubt, sie zu behalten. Wir haben uns über den Jahrmarkt unterhalten. Ich mache natürlich mit, und ich wette, daß wir viele aus unserer Schule dafür gewinnen können."

„Paps, wo soll er eigentlich stattfinden?" fragte Linda. „Und dürfen wir einen Umzug veranstalten? Teddys Pfadfindergruppe will ihn anführen. Vielleicht könnte ich auch auf Ghost reiten?"

„Ja, das ist eine ausgezeichnete Idee", sagte Doktor Taylor. Was den Standort betrifft, so habe ich soeben mit Maggie Rafferty darüber telefoniert. Sie stellt uns das Grundstück zur Verfügung, auf dem ihr altes Landhaus steht. Das ist nicht allzuweit vom Stadtzentrum entfernt, und es ist riesig."

„Hast du auch über Pedro mit ihr gesprochen?" wollte Linda wissen.

„Wer ist Pedro?" fragte Jill.

So erzählte der Tierarzt ihr und Olivia die Geschichte von dem Esel. „Übrigens, ich habe mit Inspektor Weigel telefoniert, und er sagte, er wird morgen einen Beamten mit der Geldstrafe bei ihm vorbeischicken."

„Ich finde, es ist schon schlimm, wenn man hilflose Kätzchen aussetzt, aber ein Tier zu quälen ist noch grausamer", meinte Jill, während sie Ophelia liebevoll kraulte. „Was wird mit Pedro geschehen, Doktor? Können Sie ihn im Tier-Treff behalten?"

„Ja, das tun wir!" rief Teddy begeistert. „Wenn es ihm bessergeht, können wir ihn abrichten, damit ich auf ihm reiten kann. Ich wette, er hat genau die richtige Größe für mich."

„Er bleibt sicher so lange bei uns, bis er vollkommen geheilt ist", sagte der Tierarzt. „Aber dann müssen wir ein Heim für ihn finden. Wenn es nicht klappen sollte, können wir ihn immer noch auf die Wildlife-Farm geben, wo auch Leo und Gigi sind. Aber auf keinen Fall wird er bei uns bleiben. Mach dir also keine falschen Hoffnungen, Teddy."

„Ich hab' ja bloß gefragt, Paps. Übrigens, ich habe ihn noch gar nicht gesehen. Wann darf ich zu ihm gehen?"

„Ich möchte ihn auch sehen", rief Erin. „Aber nicht jetzt, erst wenn es ihm bessergeht. Ich kann keine kranken Tiere sehen."

„Ihr könnt ihn beide sehr bald sehen", versprach ihnen der Tierarzt. „Aber nun erzählt mir mal, was ihr euch für den Jahrmarkt ausgedacht habt."

So erzählten sie ihm der Reihe nach, was sie alles vorhatten. Linda aber hielt sich zurück. Ihre Gedanken wanderten immer wieder zu Pedro, und noch immer erfüllten sie sie mit Wut und Trauer. Sie wünschte sich so sehr, ihr Vater würde erlauben, daß Pedro bei ihnen bliebe. Es war ihr zwar klar, daß das ganz unmöglich war, aber trotzdem hegte sie diesen Wunsch. Teddy hatte recht, der Esel hatte genau die richtige Größe für ihn, ebenso für Erin. Aber als erstes müßten sie sein Vertrauen gewinnen, damit er zahm wurde. Das würde keine leichte Aufgabe sein, denn Wetzel hatte ihn völlig verunsichert.

Wie schrecklich mußte es für Pedro gewesen sein, als er als junger Esel aus der Herde wilder Esel und Mustangs genommen wurde! Und dann landete er noch dazu bei einem so grausamen Herrn, wie Wetzel es war.

Linda konnte sich das nur allzugut vorstellen. Sie war sich ganz sicher, daß es ihr gelingen würde, Pedro zu zähmen. Sie würde nie grob zu ihm sein und ihm immer nur gut zureden. Vielleicht könnte sie ihn so weit bringen, daß er auf dem Volksfest Kinder auf seinem Rükken reiten ließ. Vielleicht würde sich bei dieser Gelegenheit jemand finden, der ihn bei sich aufnehmen wollte. Gewiß war die Wildlife-Farm ein idealer Platz für herrenlose Tiere. Sie war bestens geführt, und die Tiere hatten gute Auslaufmöglichkeiten. Aber für Pedro schien es doch nicht der geeignete Ort zu sein. Der Esel brauchte viel Zuwendung und jemanden, der sich seiner tagtäglich annahm. Ja, wir wären die richtige Familie für ihn, dachte sie.

„Linda, erzähl jetzt von der Tierschau!" forderte Erin sie auf.

Linda hatte etwas Mühe umzudenken, aber dann schilderte sie sehr anschaulich, wie sie sich diese vorstellte.

Ihr Vater war hellauf begeistert von dieser Idee, und Linda konnte ihre Gedanken wieder Pedro zuwenden.

Sie sah ihn genau vor sich, sein graues Fell war verklebt vor Schmutz, seine langen Ohren standen ab, anstatt anzuliegen, was daher kam, daß er ständig in Angst lebte. Seine von Dreck verkrusteten Hufe gehörten ordentlich gereinigt. Und im Geiste sah sie sich bereits, wie sie ihn stolz mit einem jubelnden Kind auf dem Rücken auf Maggies Gelände herumführte. Die Eltern wären sicher bereit, mindestens einen Dollar zu zahlen, damit ihre Kinder auf dem Esel reiten konnten. Da käme eine Menge Geld zusammen, denn sicherlich würden an die hundert Kinder auf Pedro reiten wollen.

„Linda, hörst du uns überhaupt zu?“ riß ihr Vater sie aus ihren Gedanken.

„Natürlich, Paps“, sagte sie. „Ich habe nur einen Augenblick an Pedro gedacht.“ Sie nahm das Kätzchen von ihrem Schoß. Gleich darauf versuchte es an ihren Hosenbeinen wieder hochzuklettern. Als Linda es daran hinderte und wieder in den Karton setzte, miaute es kläglich.

„Paps wird Frau Racer fragen, ob sie für den Jahrmarkt Plätzchen bäckt“, erzählte Teddy Jill. „Vielleicht machen auch ihre Bekannten mit.“

„Wir werden mit ihr reden, wenn sie am Dienstag wieder da ist“, sagte Linda.

Der Tierarzt setzte sich neben Linda und legte einen Arm um ihre Schultern. „Ich hoffe, du schmiedest keine großen Pläne, was wir alles mit Pedro anstellen können, wenn er bei uns bleibt. Denn das wird nicht der Fall sein. Glaub mir, er liegt mir ebenso am Herzen wie dir, aber trotzdem lasse ich es nicht zu, daß er bei uns bleibt.“

Linda lehnte den Kopf an die Schulter ihres Vaters. „Ja, ich weiß“, sagte sie. „Aber solange er im Tier-Treff ist, hast du doch nichts dagegen, daß ich ihn zu zähmen versuche. Oder?“

„Nein, das kannst du ruhig tun. Aber paß auf, daß du dich nicht zu sehr an ihn gewöhnst. Dann fällt dir der Abschied noch schwerer.“

„Ich weiß, Paps“, sagte Linda. „Wir werden ihm sicher ein gutes Zuhause finden.“ Das ist leichter gesagt, als getan, dachte sie. Aber sie würde alles daransetzen, einen Platz für Pedro ausfindig zu machen.

Susan und ihre Clique

Am nächsten Tag unterhielten sich Linda und Jill mit ihren Freundinnen über das geplante Volksfest. Sie saßen in der Schulkantine und aßen zu Mittag.

„Je mehr mitmachen, desto besser", sagte Linda. „Als erstes aber müssen alle Bescheid wissen, daß es ein Volksfest gibt. Es findet am ersten Samstag im Juni statt, auf dem Grundstück um Maggie Raffertys Landhaus. Es ist nur noch ein paar Wochen bis dahin. Wir müssen so rasch wie möglich eine Menge Plakate anfertigen, die wir überall in der Stadt anbringen."

„Ich male gerne ein paar", schlug Alison Chase vor, und Jill hielt sofort ihren Namen unter dem Stichwort „Werbung" in ihrem Notizbuch fest. Alison war sehr begabt im Malen. Sie gewann bei jedem Schulwettbewerb den ersten Preis.

„Und ich werde in unserer Schulzeitung einen Artikel darüber schreiben", sagte Marty Green. Sie war die Chefredakteurin dieses Blattes. „Für diese Woche ist es schon zu spät, aber in der nächsten Ausgabe wird er erscheinen."

Sarah Johns kaute nachdenklich an ihrem Schnitzel. Sie war mit Linda in der Handballmannschaft des Hamilton-Gymnasiums. „Ich kann weder gut zeichnen, noch bin ich gut im Schreiben", gab sie zu. „Aber ich möchte trotzdem mithelfen." Plötzlich ging ein Leuchten über ihr Gesicht, und sie sagte: „Aber im Sport bin ich gut. Ich wette, die Leute würden sich gerne ein Handballmatch ansehen. Natürlich kein gewöhnliches."

Linda runzelte die Stirn. „Was heißt, kein gewöhnliches? Wenn wir von den Leuten Eintrittsgeld verlangen, dann müssen wir ihnen auch was Ordentliches bieten."

Sarah kaute weiter und überlegte fieberhaft. „Ich hab's!" rief sie. „Mädchen gegen Jungen. Was haltet ihr davon? Das ist noch nie vorgekommen in unserer Schule. Ich wette, das wird ein Erfolg."

„Spitze!" sagte Linda, und die anderen Mädchen waren ebenfalls von der Idee begeistert. „Aber glaubt ihr, daß die beiden Turnlehrer mitmachen werden? Sie sollten die Schiedsrichter sein."

„Sicher", meinte Sarah. „Frau Konklin sagt doch immer, daß wir stärker als die Jungenmannschaft sind. Jetzt hat sie endlich die Gelegenheit, es zu beweisen." Sie schmunzelte. „Ich bin mir auch sicher, daß wir gewinnen. Vielleicht ist Frau Konklin gerade in ihrem Büro. Ich geh' schnell zu ihr, bevor sie zum Unterricht geht." Sarah nahm ihr Tablett und eilte davon. Jill notierte sofort das Wort „Sport" in ihrem Notizbuch und setzte Sarahs Namen darunter.

Marty schrieb auch mit. „Das nehme ich alles in meinem Artikel auf", sagte sie.

„Du solltest lieber warten, bis es sicher ist, daß sie als Schiedsrichter mitmacht", riet Linda ihr.

Marty sah sie verwundert an. „Klar tut sie das. Aber du kannst sicher sein, daß ich nur beschlossene Sachen in der Schulzeitung bringe. Trotzdem kann ich mir schon Notizen machen, und wenn Sarah uns grünes Licht gibt, mache ich mich an die endgültige Fassung."

„Da gibt es noch etwas, das du unbedingt aufnehmen solltest", meinte Linda. „Das gleiche gilt für Alisons Plakate. Ihr sollt unbedingt auf die Aktion des Tierschutzvereins ‚Tiere suchen ein Zuhause' hinweisen. Solange kein Platz im Tierheim ist, müssen die Tiere privat unterkommen, denn es gibt in Essex kein zweites Tierasyl."

„Außer dem Tier-Treff", wandte Jill ein.

„Bitte erwähne bloß nicht unsere Tierklinik in deinem Artikel, Marty. Und du, Sarah, bitte auch kein Wort davon auf den Plakaten", schärfte Linda den beiden ein. „Wir haben ohnedies schon viel zu viele Tiere aufgenommen. Wir müssen die Leute darauf hinweisen, daß sie bei sich zu Hause ein Tier aufnehmen sollen. Ich gebe euch die Telefonnummer des Tierschutzvereins, damit ihr sie erwähnt und die Leute dort anrufen können."

„Linda hat drei Kätzchen, die alle ein Zuhause suchen", sagte Jill. „Gestern waren es noch vier, aber ich habe eines mit heimgenommen, und meine Eltern haben nichts dagegen. Na, Alison, möchtest du nicht auch eines haben? Du kannst dir nicht vorstellen, wie süß sie sind!"

„Würde ich gerne, aber meine Mutter ist allergisch auf Katzenhaare", erwiderte Alison. „Sie würde mit ihren Niesanfällen das Haus zum Einstürzen bringen."

Bevor sich Jill und Linda an Marty wenden konnten, wehrte diese schon ab: „Seht mich nicht so an! Meine Katze hat gerade Junge bekommen, und ich suche selbst einen Platz für sie. Ich könnte sie eigentlich zum Jahrmarkt bringen. Bis dahin sind sie alt genug, daß man sie von der Mutter trennen kann."

„Ja, warum nicht", stimmte ihr Linda bei. „Wir könnten alle Kätzchen dort ausstellen."

„Und genauso die jungen Hunde", fügte Jill rasch hinzu. „Sicher können viele Leute da nicht widerstehen. Auf diese Weise käme eine ganze Menge Geld für das neue Tierheim zusammen."

„Aber Jill, wir können doch nicht verlangen, daß die Leute sie kaufen", meinte Linda entrüstet.

Jill schaute sie betreten an. „War ja auch nur nur so ein Gedanke", verteidigte sie sich. „Du weißt doch, manche Leute glauben, eine Sache ist nur dann was wert, wenn sie dafür bezahlen müssen. Und wenn sie etwas günstig bekommen, dann freuen sie sich über das gute Geschäft. Wißt ihr was, wir könnten ein Schild anfertigen, auf dem steht: *Kätzchen zum Sonderpreis.*"

„Jill Dearborne, du hast wohl nicht alle Tassen im Schrank", rief Marty und erhob sich mit ihrem Tablett. „Komm schon, Alison, wir sind schon spät dran."

„Wie kann man nur so phantasielos sein", stöhnte Jill. „Nun ja, dann gehen wir."

Gerade als sie die Kantine verließen, rief jemand Lindas Namen. Es war Susan Bascombe.

„Warte doch, Linda!" rief sie und rannte den beiden Mädchen nach.

Jill verzog die Mundwinkel und meinte: „Kannst du dir vorstellen, was Prinzessin Susan von dir will?"

„Ja, *wollen* ist der richtige Ausdruck. Für Susan existiert man nur dann, wenn sie etwas von einem will."

„Egal, was es ist, wir sagen auf jeden Fall nein!" flüsterte Jill und kicherte.

„Na klar“, stimmte Linda ihr grinsend zu.

Susan kam auf sie zu, wie immer in Begleitung von Kimberly und Courtney. Die drei waren so gut wie unzertrennlich. Jill nannte sie die siamesischen Trillinge. Susan gehörte einer recht hochnäsigen Clique an, die sich über Mädchen wie Linda mokierte. Aber diese Abneigung beruhte auf Gegenseitigkeit. Susan trug es Linda immer noch nach, daß es ihretwegen zu Hause einmal ziemlich großen Krach gegeben hatte. Aber nun stand sie mit einem freundlichen Lächeln im Gesicht vor Linda. Kimberly und Courtney grinsten sie ebenfalls an.

„Was gibt's, Susan?“ fragte Linda und zwang sich zu einem Lächeln.

„Ich wollte dir nur sagen, daß ich gestern früh dein Foto in der Zeitung gesehen habe. Schade, daß du keine Zeit gehabt hast, dir die Haare ein wenig zu richten...“ Sie machte eine Pause, ehe sie fortfuhr. „Aber eigentlich sehen deine Haare immer so aus. Findet ihr nicht?“

Linda lächelte sie noch immer an. „Wie nett von dir, daß du dich so um mein Aussehen kümmerst, Susan“, entgegnete sie. „Wenn du mir noch etwas zu sagen hast, dann beeil dich, ich muß nämlich zum Unterricht.“

„Du scheinst heute mit dem linken Fuß aufgestanden zu sein“, meinte Susan schnippisch. „Aber ich glaube, es wird dich sicher interessieren, was ich dir zu sagen habe.“

„Rück schon raus mit der Sprache“, sagte Jill.

Susan überhörte Jills Bemerkung und sagte zu Linda: „Kimberly, Courtney und ich möchten bei der Spendenaktion für das Tierheim mitmachen.“

Kimberly und Courtney nickten. Sie schienen darauf zu warten, daß sich Linda und Jill über diesen Vorschlag erstaunt und gleichzeitig erfreut zeigten. Aber dem war nicht so.

„Fein“, sagte Linda. „Und warum wollt ihr das tun?“

Susan runzelte die Stirn. „Was soll die Frage, Linda?“

„Es handelt sich schließlich um einen guten Zweck, und wir möchten auch gerne obdachlosen Tieren helfen.“

Linda glaubte ihr kein Wort. „Seit wann interessierst du dich für obdachlose Tiere?“ fragte sie Susan. „Du hast dich doch sogar über mein halbblindes Pferd lustig gemacht!“

„Also, wenn du mit allen Leuten, die bei dem Jahrmarkt mitmachen wollen, so umgehst, dann wirst du bald allein dastehen“, erwiderte Susan gereizt.

In einer gewissen Weise mußte Linda ihr recht geben. Wichtig war einzig und allein das Volksfest und nicht ihre Beziehung zu Susan.

Deshalb sagte sie: „Tut mir leid, Susan. Es war nicht so gemeint. Natürlich freue ich mich, wenn ihr mithelft. Aber woher wißt ihr von dieser Sache? Sie steht doch erst seit gestern fest.“

„Von meiner Großtante“, erwiderte Susan. „Sie ist aktives Mitglied im Tierschutzverein und rief gestern abend meine Eltern an, um ihnen zu sagen, daß ich und meine Freundinnen mitmachen müßten. Sie hat meinen Vater sogar dazu überredet, daß er etwas spendet, und meine Mutter und meine Schwester Lauren werden ebenfalls auf dem Jahrmarkt mithelfen. Mein Vater wollte unbedingt, daß ich mit dir darüber rede. Er will es sich nämlich mit Tante Maggie nicht verscherzen... Schließlich sind wir ihre einzigen Verwandten, und sie wird nicht ewig leben..."

„Moment mal, sprichst du von Maggie Rafferty?" unterbrach Linda sie.

„Ja", sagte Susan und wurde leicht verlegen. „Sie ist die Tante meines Vaters. Ich kann die alte Ziege nicht ausstehen, aber mein Vater sagt, wir müssen uns mit ihr gut stellen, damit sie uns in ihrem Testament als Erben einsetzt. Sie ist nämlich steinreich, auch wenn man ihr das nicht ansieht."

Linda hatte Mühe, sich zu beherrschen. „Maggie Rafferty ist eine großartige Frau. Was macht es schon, wenn sie etwas exzentrisch ist? Du solltest stolz auf sie sein, Susan!"

„Wie kann man nur so sentimental sein!" stöhnte Susan. „Aber nun sag schon, können wir mitmachen? Ja oder nein? Wir wissen nämlich schon, was wir tun wollen."

„Ja, natürlich", sagte Linda und mußte sich zu dieser Antwort durchringen. „Was habt ihr euch ausgedacht?"

„Eine Modenschau", erwiderte Susan.

„Was, eine Modenschau?" fragte Jill ungläubig. „Auf einem Volksfest?"

„Warum denn nicht? So was zieht auch bessere Leute an, Leute mit Geld", erwiderte Susan gelassen. „Meine Mutter kleidet sich in den besten Modegeschäften ein, und sie ist sicher, daß sie diese dazu überreden kann, ein paar Sachen für das Tierheim zu spenden, die dann auf dem Jahrmarkt verkauft werden. Courtney, Kimberly und ich werden die Kleider vorführen."

„Aha", machte Linda und warf Jill einen vielsagenden Blick zu. Diese zog die Augenbrauen hoch, sagte aber kein Wort.

„Dann kann ich also meiner Mutter sagen, daß sie mit den verschiedenen Boutique-Besitzern spricht." Sie legte eine Hand auf Lindas Arm und flötete: „Mach dir keine Sorgen, wir kümmern uns um alles. Du wirst sehen, die Modenschau wird die Hauptattraktion des ganzen Volksfestes sein." Mit diesen Worten stolzierte sie davon, Kimberly und Courtney im Gefolge. Linda und Jill sahen ihnen fassungslos nach.

„Eine Modenschau?" sagte Jill und schüttelte den Kopf. „Wie kannst du so was zulassen, Linda? Die ist so überflüssig wie ein Kropf!"

„So schlecht ist die Idee nicht", sagte Linda. „Vielleicht ziehen wir dann wirklich auch noch andere Leute an, wie Susan behauptet. Zumindest ihre Clique. Wer weiß? Und Geld kann dabei auch herausspringen. Aber wer hätte gedacht, daß ausgerechnet die Bascombes mit Maggie Rafferty verwandt sind? Unglaublich, wie Susan über die Frau geredet hat! Die scheinen wirklich nur darauf zu warten, daß sie stirbt und sie ihr Geld erben. Ich hoffe, sie lebt noch sehr lange."

„So wie die aussieht, traue ich ihr das durchaus zu", fügte Jill hinzu. „Aber vielleicht vererbt sie alles dem Tierschutzverein. Da möchte ich gerne die Gesichter der Bascombes sehen!"

„Lauren ist anders", verteidigte Linda Susans ältere Schwester. „Sie hat überhaupt nichts mit Susan gemein. Wenn Maggie jemandem in der Familie ihr Geld vermachen will, dann soll sie es Lauren geben."

„Ist Maggie Rafferty wirklich so reich?“ wollte Jill wissen.

„Ich glaube schon. Sie hat doch dieses riesige Landhaus und sehr viel Grund. Und sie lebt ganz bescheiden. Sie spendet eine Menge Geld, nicht nur dem Tierschutzverein. Maggie ist wirklich ein herzensguter Mensch.“

„Ich würde gerne wissen, ob sie weiß, wie ihre Nichte in Wirklichkeit ist“, sagte Jill.

„Ich bin sicher, daß sie das weiß“, meinte Linda. „Deshalb verlangt sie ja von ihr, daß sie bei der Aktion Tierheim mitmacht. Vielleicht denkt sie, daß sie auf diese Weise in Zukunft nicht nur an sich selbst denkt.“

„Wenn sie das annimmt, dann ist bei ihr wirklich eine Schraube locker“, rutschte es Jill heraus, und sie erntete dafür einen vorwurfsvollen Blick von Linda. So fügte sie schnell hinzu: „Beruhige dich, das sollte nur ein Spaß sein!“

Gleich nach der letzten Schulstunde schwang sich Linda auf ihr Rad und fuhr zum Tier-Treff. Montags war keine Sprechstunde, aber sie wollte mit Ghost ausreiten und nach Pedro sehen.

Der Grauschimmel genoß es offensichtlich, mit Linda die einsamen Feldwege entlangzutrotten, die zum Teil von hohen Bäumen gesäumt waren, deren zartes grünes Laub sich vom Blau des Himmels deutlich abhob. Die Bauern bearbeiteten ihre Felder, und auf den Wiesen weideten Stuten mit ihren Fohlen. Schafe grasten friedlich vor sich hin, und hin und wieder hörte man das Muhen von Kühen. Die Luft war klar und mild. Zu beiden

Seiten der Feldwege sprossen die ersten Frühlingsblumen.

Lindas Gedanken waren wieder bei Pedro, und es tat ihr in der Seele weh, daß das arme Tier nun krank und elend in seiner Box im Tier-Treff stand, anstatt auf einer der blühenden Wiesen herumzulaufen.

Bevor sie Ghost aus dem Stall geführt hatte, war sie zu Pedro gegangen und hatte ihm einen Apfel geben wollen. Aber der Esel beachtete sie nicht, und als sie versuchte, ihn zu streicheln, legte er die Ohren zurück und schlug mit den Hinterbeinen aus.

„Das wird noch eine geraume Weile dauern, bis er begriffen hat, daß ihm niemand was zuleide tun will", hatte Mike gemeint und ein besorgtes Gesicht gemacht. „Ich habe gestern abend eine Ewigkeit auf ihn eingeredet und ihm klarzumachen versucht, daß er hier in Sicherheit ist, aber er scheint mir nicht zu glauben. Dieser John Wetzel soll mir ja nie über den Weg kommen! Ich habe ihn schon als Kind gekannt, und bereits damals war er unausstehlich. Er riß den Fliegen die Flügel aus und beobachtete sie, wie sie starben."

„Glaubst du, daß Pedro jemals zutraulich wird, Mike?" hatte sie gefragt. „Wenn es uns gelingt, ihn zu zähmen, dann finden wir auch einen Platz für ihn. Aber wenn er nicht aufhört, zu beißen und auszuschlagen, wird ihn niemand haben wollen, nicht einmal die Wildlife-Farm."

„Du mußt Geduld haben, Linda", hatte Mike gemeint. „Man muß ihm Zeit lassen, das ist alles. Er ist noch jung und stark, wenn er das nicht wäre, hätte er nicht überlebt. Also, faß dich in Geduld!"

6 9877-8

Das war leichter gesagt als getan, besonders an einem so strahlenden Frühlingstag wie heute.

Linda beugte sich vor und tätschelte Ghosts Hals. Er freute sich immer über die Sonne, die frische Luft und das zarte Gras. Wenn Pedro doch auch das alles genießen könnte! dachte Linda und seufzte tief. Aber dieser Tag würde sicher kommen, bis dahin hieß es, sich in Geduld zu üben.

Eins, Zwei und Drei

„Du lieber Himmel! Wo kommen denn die her?" rief Frau Racer, als sie am Dienstagmorgen das Wohnzimmer der Taylors betrat und die drei Kätzchen erblickte. Das grau-weiß getigerte lag ausgestreckt auf der Rükkenlehne des Kaminsessels, das schwarz-weiß gefleckte saß auf dem Schreibtisch, und das graue schlief auf dem Sofa. Sunshine und Jocko begrüßten die Haushälterin mit heftigem Schwanzwedeln, aber dann stürzten sie sich laut bellend auf die drei Kätzchen.

„Irgend jemand hat sie vor die Tür der Tierklinik gestellt", erwiderte Linda. „Jocko, pfui! Sei still. Sunshine, gib endlich Ruhe!"

„Ursprünglich waren es vier, aber Jill hat eines mit nach Hause genommen", erklärte Teddy der Haushälterin und drückte ihr zur Begrüßung einen Kuß auf die Wange. „Möchten Sie nicht eines haben, Frau Racer? Ich nehme heute *Zwei* in den Biologieunterricht mit, um sie in der Klasse herzuzeigen. Vielleicht will sie dann gleich jemand behalten. Sie müssen sich entscheiden, ob Sie *Eins* wollen oder *Drei.*"

Frau Racer machte ein verwirrtes Gesicht. „Wie soll ich denn drei nehmen, wenn du zwei mit in die Schule nimmst? Da bleibt doch nur eins übrig."

„Heute können Sie noch *Drei* haben", meinte Teddy.

„Ich finde, du solltest nur ein Kätzchen in die Schule mitnehmen", sagte die Haushälterin.

„Aber Paps hat mir *Zwei* erlaubt. Vielleicht können Sie doch nicht *Drei* haben, denn Erin hat gesagt, daß Olivia *Drei* haben möchte. Aber wenn Sie unbedingt wollen, dann können Sie auch *Drei* haben."

Frau Racer kannte sich nun gar nicht mehr aus. „Teddy, ich habe nie behauptet, daß ich auch nur ein einziges davon haben möchte. Und drei kommen schon gar nicht in Frage!"

„Sie verstehen ihn nicht richtig, Frau Racer", mischte sich Erin ein und kicherte. „Wissen Sie, uns sind noch keine Namen für die Kätzchen eingefallen, und da haben wir sie einfach *Eins, Zwei* und *Drei* genannt. Das weiß-grau getigerte heißt *Zwei,* das graue *Eins* und das schwarz-weiße *Drei.*"

„Möchten Sie vielleicht doch *Drei* mit nach Hause nehmen?" fragte Teddy hoffnungsvoll.

Frau Racer schüttelte den Kopf und lachte. „Nein, danke! Das kommt überhaupt nicht in Frage. Ihr seid mir aber eine verrückte Bande! Wie kann man nur Katzen Nummern geben?"

Linda nahm *Drei* auf den Arm und reichte das Kätzchen der Haushälterin. „Da, freunden Sie sich doch mit ihm an", schlug sie vor. „Ich bin sicher, daß Sie sie mögen werden. Letzten Sommer, als Ihr Kater Moses starb, sagten Sie doch, daß Sie sich wieder eine Katze zulegen möchten."

Gerade als die Haushälterin das Kätzchen an sich drückte, rief Erin erschrocken: „Oh, ein Knopf hat sich von meinem Rock gelöst. Frau Racer, können Sie ihn mir bitte annähen?"

„Frau Racer, haben Sie mein Notizbuch mit der Spirale gesehen?" fragte Teddy und steckte den Kopf unter das Sofa. „Hallo, Cleveland!" rief er unter das Sofa. „Linda, hast du gewußt, daß er sich drunter versteckt hat?"

„Hol ihn hervor", meinte Linda und stöhnte. „Wenn ich ihn in die Speisekammer einsperre, dann frißt er vielleicht doch noch was."

„Hol den Nähkorb, Erin", sagte Frau Racer. „Dann nähe ich dir den Knopf auf der Stelle an. Dein Notizbuch, Teddy, habe ich das letzte Mal auf dem Fernsehapparat gesehen. Was hat denn Cleveland, Linda?"

Die Haushälterin nahm auf einem Stuhl Platz und holte Nadel und Faden hervor. Das Kätzchen *Drei* lag schnurrend auf ihrem Schoß.

„Ach, Cleveland fehlt nichts, er ist nur eifersüchtig", sagte Linda und nahm Teddy den Kater ab. „Sie wissen ja, jedesmal, wenn wir ein Tier nach Hause bringen, dann dreht er durch. Seit Sonntag hat er nichts gefressen, nur weil wir die drei Kätzchen heimgebracht haben."

Linda trug Cleveland in die Küche und von dort in die Speisekammer. Dort stellte sie ihm seinen gefüllten Futternapf auf den Boden und schloß die Tür hinter sich.

„Frau Racer, bitte beeilen Sie sich", drängte Erin. „Ich möchte nicht zu spät zur Schule kommen."

„Paps fährt uns hin, wir haben noch Zeit", sagte Ted-

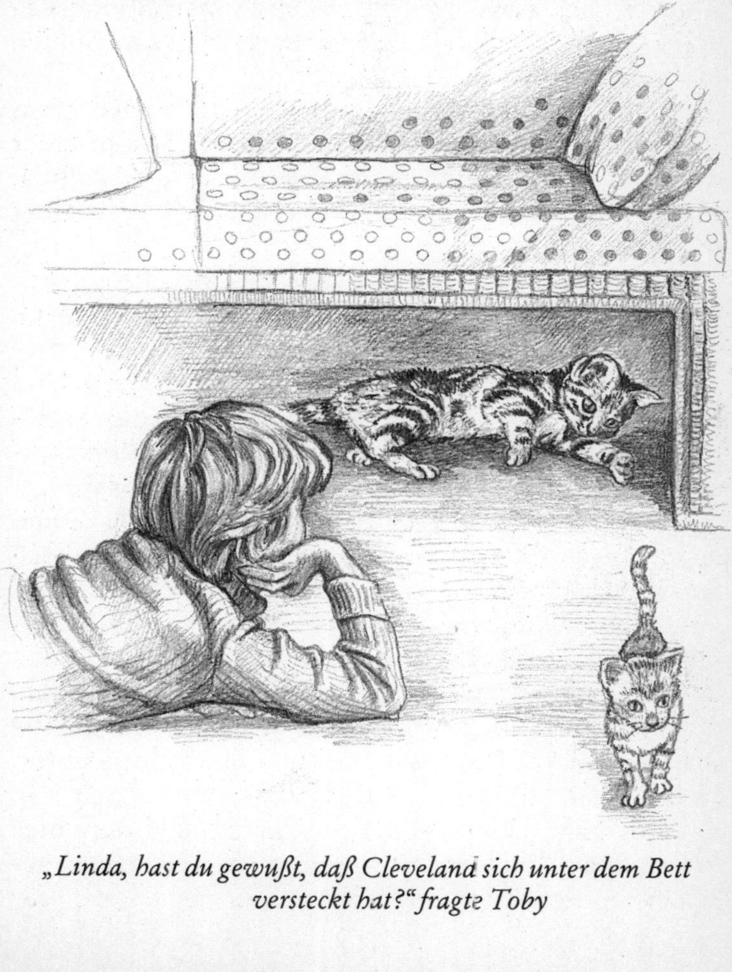

„Linda, hast du gewußt, daß Cleveland sich unter dem Bett versteckt hat?" fragte Toby

dy. „Ich kann nämlich *Zwei* nicht im Schulbus mitnehmen. Wo ist denn der Katzenkorb, Linda?“

„Im Keller. Hast du dein Notizbuch gefunden?“

„Klar!“ Er rannte hinaus, um den Korb zu holen.

Linda packte ihre Schultasche und sagte zu Frau Racer: „Wissen Sie, daß im Tierheim ein Brand ausgebrochen ist?“

„Ja, das habe ich gehört. Mein Sohn hat mir auch das Bild von dir und dem Doktor, das auf der Titelseite des *Anzeigers* war, gezeigt. In dem Artikel stand, daß ihr vielen Tieren das Leben gerettet habt. Ich war richtig stolz auf euch!“

Linda strahlte. „Das meiste hat natürlich Paps geleistet, ich habe ihm dabei ein wenig geholfen. Stellen Sie sich vor, die meisten der verletzten Tiere sind jetzt im Tier-Treff untergebracht. Er ist bis auf den letzten Platz belegt. Wir können kein einziges Tier mehr aufnehmen. Der Tierschutzverein veranstaltet im Juni ein Volksfest, und mit dem Erlös soll das neue Tierheim gebaut werden. Wollen Sie nicht auch mitmachen? Sie könnten eine Menge Plätzchen backen, die wir dann verkaufen.“

„Selbstverständlich mache ich das“, sagte die Haushälterin und reichte Erin den Rock. „Ich frage auch meine Bekannten, ob sie mitmachen wollen.“

„Spitze!“ freute sich Linda. „Vielen Dank, Frau Racer.“ Sie drückte der Haushälterin einen Kuß auf die Wange. Dann schaute sie auf ihre Armbanduhr und rief erschrocken. „O Gott, ich muß los.“ Sie hing sich ihre Jacke über die Schultern, klemmte die Schultasche unter den Arm und verabschiedete sich von Frau Racer. Dann stürzte sie hinaus auf den Flur und rief die Treppe hinauf: „Paps, bis später!"

„Leb wohl, Linda. Viel Glück!" rief ihr Vater zurück.

Linda öffnete gerade die Haustür, als sie Teddys Stimme vom Keller herauf hörte. „Frau Racer, ich kann den Katzenkorb nicht finden. Können Sie mir beim Suchen helfen?"

„Ich komme schon, Teddy!" Die Haushälterin stand von ihrem Stuhl auf und hielt das Kätzchen *Drei* in den Händen. „Ich frage mich, wie ihr ohne mich zurechtkommt", sagte sie und freute sich offensichtlich, daß sie hier so gebraucht wurde.

„Linda, paß auf *Eins* auf!" rief Erin ihr nach, als das Kätzchen durch die Haustür schlüpfen wollte. Linda bückte sich und hob es auf. Dann drückte sie es Erin in die Hand.

„Rede Olivia zu, daß sie eines davon nimmt", sagte sie zu ihrer Schwester. „Ich glaube, Frau Racer wird *Drei* behalten."

„Ich werde mein Bestes tun", erwiderte Erin, „aber sie wollte unbedingt *Drei* haben."

Linda schwang sich auf ihr Rad und schlug den Weg zur Landstraße ein.

Als sie am Nachmittag im Tier-Treff ankam, entdeckte sie ein verbeultes Fahrrad, das an einen Baumstamm gelehnt war. Sie wußte sofort, daß dieser vorsintflutliche Drahtesel nur Maggie Rafferty gehören konnte. Sie war die einzige in Essex, die ein Rad fuhr, das über zwanzig Jahre alt war. Dabei hätte sie sich einen Rolls-Royce leisten können. Aber sie haßte Autos und hat auch nie fahren gelernt.

Linda hoffte, Maggie war nicht gekommen, um einen neuen Fall von Tierquälerei zu melden. Ein geschundener Esel reichte.

„Was will Maggie Rafferty hier?" fragte Linda Pat Dempwolf, die Sprechstundenhilfe ihres Vaters, während sie die Schultasche und ihre Jacke im Wandschrank verstaute.

„Sie kam nachsehen, wie es den Tieren geht, die bei dem Brand verletzt wurden", erwiderte Pat. „Was für eine schreckliche Katastrophe! Ein wahres Wunder, daß alle Tiere sie überlebt haben."

„Das kann man wohl sagen", stimmte Linda ihr bei. „Wenn Paps, Maggie Rafferty und George Frick sich nicht so eingesetzt hätten, wäre das sicher nicht der Fall gewesen."

„Und du natürlich auch", meinte die Sprechstundenhilfe und lächelte sie wohlwollend an. „Sieh mal in den Schaukasten, Linda."

Linda ging auf den Schaukasten zu, der an der Wand neben dem Schreibtisch hing, und sah darin den Zeitungsartikel mit ihrem Foto, der in der Sonntagsausgabe des *Tagesanzeigers* erschienen war. Pat hatte mit einem Rotstift in Großbuchstaben darüber geschrieben: „Unsere Helden".

Linda wurde rot und meinte: „Ach, du lieber Himmel!"

„Das stimmt, du hast dich wirklich heldenhaft verhalten, Linda. Die Leute im Wartezimmer haben das auch gesagt."

„Ich glaube, ich muß mich jetzt an die Arbeit machen", sagte Linda. Sie holte sich einen frischgewaschenen wei-

„Jammerschade um Thomas. Er war ein so prächtiger Kater“, meinte Maggie

ßen Kittel aus dem Wandschrank und ging in das Behandlungszimmer. Toby hielt gerade einen Cockerspaniel fest, während der Tierarzt eine Spritze vorbereitete.

„Da ist ja die Heldin des Tages", begrüßte Toby sie mit breitem Grinsen.

„Du kannst es wohl nie lassen", sagte Linda, deren Wangen noch immer gerötet waren. „Was kann ich tun, Paps?"

„Die Tiere sollen ihre Medikamente bekommen, Linda", erwiderte ihr Vater. „Vielleicht sagst du auch Maggie guten Tag. Sie ist drüben in der Intensivstation. Sie wollte nachsehen, wie es den Überlebenden der Brandkatastrophe geht."

Linda sah sich die Tabellen der einzelnen Tiere an, die neben der Tür hingen, aus denen sie die jeweiligen Medikamente entnehmen konnte. Dann ging sie in die Intensivstation. Als erstes erblickte sie Maggie, die sich gerade über einen arg zugerichteten Kater beugte. Wie immer hatte sie ein riesiges Herrenhemd an und ausgebeulte Jeans, zu denen sie alte Westernstiefel trug. Ihr abstehendes, graumeliertes Haar war zu einem unordentlichen Knoten zusammengesteckt, der sich jede Minute zu lösen schien.

Als Linda auf sie zukam, richtete sie sich auf. „Thomas geht es schon viel bessser", stellte sie fest. „Jammerschade um sein Fell und seine Schnurrhaare! Er war ein so prächtiger Kater. Aber das gibt sich mit der Zeit. Kann ich dir behilflich sein, Linda?"

„Tag, Maggie", sagte Linda. „Nein danke, ich mach' das schon allein. Die Tiere bekommen nur ihre Medikamente und werden eingesalbt", erklärte ihr Linda.

„Aber ich könnte dir doch dabei helfen? Oder willst du das nicht?“ meinte Maggie pikiert.

„Natürlich können Sie mir helfen“, erwiderte Linda. „Thomas bekommt ein Antibiotikum, und dann müssen seine Wunden mit Brandsalbe eingerieben werden.“

„Dann halte ich ihn fest, während du ihm die Tablette verabreichst. Und während du dich um die anderen Patienten kümmerst, kann ich seine Wunden behandeln.“

Maggie öffnete Thomas' Käfig und hob den Kater vorsichtig heraus. Sie öffnete sein Maul, und während Linda ihm das Antibiotikum hineinsteckte, massierte sie seinen Hals, damit die Tablette leichter hinunterglitt. Linda sah sofort, daß sie sich gut auskannte.

„Wie geht es Calico und den Katzenbabys?“ erkundigte sich Linda und reichte Maggie die Brandsalbe.

„Ausgezeichnet“, erwiderte Maggie. „Übrigens, da fällt mir was ganz anderes ein. Hat dich meine Nichte schon wegen des Jahrmarktes angesprochen?“

Linda wußte im Moment nicht sofort, wen Maggie meinte. Aber dann kam es ihr gleich in den Sinn, daß es sich um Susan handelte. „Ja, Susan hat mich daraufhin angesprochen“, sagte Linda. „Sie und ihre Freundinnen machen mit.“

„Das freut mich zu hören“, sagte Maggie. „Den Mädchen schadet es wirklich nicht, wenn sie sich mal für eine Sache einsetzen und nicht nur an sich selbst denken“, meinte Maggie. „Warte, ich halte Brownie. Er ist auf einem Auge blind, und wenn du links von ihm stehst, dann sieht er dich nicht und könnte zuschnappen.“

Maggie setzte Thomas wieder in seinen Käfig und wandte sich dem Mischlingshund mit dem gebrochenen

Bein zu. „Und was will Susan auf dem Jahrmarkt tun?" erkundigte sie sich.

„Sie möchte in einer Modenschau auftreten", sagte Linda, während sie Brownies Ohr einsalbte.

Maggie schnaubte, und Linda mußte unwillkürlich an Ghost denken. „Typisch Susan! Sie muß ständig im Mittelpunkt stehen. Ja, ja, seine Verwandtschaft kann man sich leider nicht aussuchen. Die warten nur, daß ich die Augen zumache, damit sie mein Vermögen erben und verprassen können. Aber die werden noch lange warten müssen, das kannst du mir glauben."

„Ja, ganz gewiß", sagte Linda und gab Brownie einen liebevollen Klaps, bevor sie zum nächsten Patienten ging.

„Die einzige, die was taugt, ist Lauren", fuhr Maggie fort. „Vielleicht überlasse ich ihr alles. Die würden Augen machen, wenn sie mit leeren Händen ausgingen! Vielleicht würde ihnen dann ein Licht aufgehen." Sie sah Linda von der Seite an, und ihre kleinen blauen Augen blitzten listig. „Vielleicht findest du es makaber, wenn ich so rede. Aber in meinem Alter muß man sich auch mit dem Sterben beschäftigen." Dann lächelte sie und meinte: „Du hältst mich sicher für schrullig, nicht wahr?"

Bevor Linda etwas erwidern konnte, fuhr sie fort: „Vielleicht bin ich es, aber das ist meine Angelegenheit." Sie hielt nun eine andere Katze im Arm, während Linda dieser eine Tablette in den Rachen stopfte. „Ich habe dir doch gesagt, daß mich dein Vater an den Airedale erinnert, den ich einmal gehabt habe."

Linda nickte.

„Weißt du, Linda, die Menschen erinnern mich immer an Tiere. Nimm dich zum Beispiel. Du erinnerst mich an ein kräftiges braunes Pony. Du bist mir doch nicht böse, wenn ich das sage?“

„Natürlich nicht“, sagte Linda. „Ich liebe Ponys und Pferde. Wenn ich ein Tier sein könnte, möchte ich ein Pferd sein. An welches Tier erinnert Sie denn Toby?“

„Wer ist Toby?“ fragte Maggie, während sie die Katze in den Käfig steckte.

„Der Junge, der hier mithilft“, erwiderte Linda und ging zum nächsten Käfig.

„Ach, der mit dem Lockenkopf und den großen Ohren“, meinte Maggie. „Laß mich mal überlegen... Ja, der erinnert mich an einen Pudel.“

Linda konnte es sich nicht verkneifen, Maggie danach zu fragen, welchem Tier Susan glich.

Maggie schnaubte wieder und sagte, ohne lange zu überlegen: „An einen Yorkshire-Terrier mit einer Seidenschleife am Kopf.“

Linda mußte laut lachen und hatte Mühe, dem kleinen Schnauzer seine Medizin zu verabreichen. „Maggie, Sie sind aber böse!“ sagte sie.

„Ich weiß“, erwiderte Maggie lachend. „Wenn du einmal in meinem Alter sein wirst, dann kannst du es dir auch leisten, böse zu sein. Das sind die Vorteile des Alters. Ich sage, was ich denke, und die Meinung der anderen kümmert mich nicht. Und wenn man auch noch reich ist, dann hat man sowieso Narrenfreiheit.“

„Ich verstehe nicht, Maggie, daß Sie so wenig Geld für sich ausgeben, wo Sie sich doch alles leisten könnten“, sagte Linda, und im selben Moment bereute sie ihre

Worte. Aber bei Maggie fiel es einem ganz leicht, zu sagen, was man gerade dachte.

„Ja, ja", sagte Maggie Rafferty und nickte zustimmend. „Du möchtest wissen, warum ich mich nicht wie eine elegante Dame kleide und eine Limousine mit Chauffeur habe? Und weshalb ich mir kein Hauspersonal leiste, das mir die Arbeit abnimmt? Das kann ich dir ganz genau sagen: Ich fände so ein Leben schrecklich langweilig. Ich sagte dir bereits, reiche Leute können tun und lassen, was sie wollen. So ziehe ich zum Beispiel Herrenklamotten an, wenn ich Lust dazu habe, oder fahre mit meinem klapprigen Drahtesel durch die Gegend. Und Tiere sind mein ein und alles, deshalb unterstütze ich den Tierschutzverein und ähnliche Institutionen. Natürlich könnte ich mir einen wertvollen Mantel aus unzähligen Hermelinen leisten, aber erstens weigere ich mich, einen Pelz zu tragen, und zweitens spende ich das Geld lieber einem Verein, der um das Wohl der Tiere bemüht ist. Da fällt mir übrigens ein, Linda, ich habe den Stall hinter meinem Haus leer gemacht — zwei ganze Tage habe ich dazu gebraucht. Sobald die Patienten aus dem Tierheim gesund sind, kann Theodor sie mir bringen. Sie können so lange dableiben, bis wir einen guten Platz für sie gefunden haben."

„Sie sind wirklich ein Schatz, Maggie!" rief Linda erfreut. Sie mußte sich erst daran gewöhnen, daß mit Theodor ihr Vater gemeint war.

„Ich tue nur, was möglich ist", wehrte Maggie ab. „Und ich habe mir schon immer gewünscht, Tieren zu helfen. Komm, jetzt sehen wir uns mal den Esel an, willst du?"

Linda warf einen letzten Blick auf die Tabellen und stellte fest, daß alle Tiere ihre Medikamente bekommen hatten. „Pedro ist drüben im großen Stall“, sagte sie und ging voraus.

Pedro stand in einer Ecke seiner Box. Als sie über die Boxentür schauten, schlug er mit dem Schweif um sich und legte die langen Ohren an.

„Er ist sehr menschenscheu“, erklärte Linda Maggie Rafferty.

„Kein Wunder“, meinte diese. „Mir sind Tiere auch lieber als Menschen.“ Sie betrachtete den Esel eine Weile. Dann sagte sie: „Dieser John Wetzel gehört ins Gefängnis. Solche Tierquäler sollte man nicht frei herumlaufen lassen.“

„Ja, das finde ich auch.“ Lindas Stimme klang bedrückt.

„Schon als Junge, als ich ihn in meiner Schulklasse hatte, war er ein richtiger Flegel. Mein Gott, das ist schon über fünfzig Jahre her! Und nun ist ein brutaler, herzloser Mensch aus ihm geworden. Amer Pedro! Ich hoffe, ihr könnt ihm helfen.“

„Sicherlich“, sagte Linda. „Wir werden alles tun, damit er wieder gesund wird.“

Maggie Rafferty blickte Linda tief in die Augen. „Ich hab’ schon immer was für willensstarke Ponys übriggehabt“, sagte sie lächelnd. Ihr Lächeln wurde breiter, und dann sagte sie: „Und an welches Tier erinnere ich dich?“

Linda überlegte einige Sekunden. Dann sah sie im Geiste klar und deutlich ein herrliches Pferd vor sich: „An ein Springpferd wie Gray Ghost“, sagte sie spontan.

Maggie lachte, und ihr Lachen klang beinahe wie das Wiehern eines Pferdes. „Sehr gut, Linda, wirklich sehr gut!“ sagte sie und konnte sich kaum beruhigen.

Freundschaft auf den ersten Blick

Die Wochen vergingen viel zu schnell, und das Volksfest rückte immer näher. Im Tier-Treff oder zu Hause bei den Taylors läutete den ganzen Tag das Telefon. Linda und Toby trafen sich einmal die Woche mit den anderen Mitgliedern des Jugend-Komitees. Meistens war es an einem Samstagnachmittag im Haus der Tierarztfamilie. Frau Racer tischte ihnen immer eine Schüssel frischgebackener Plätzchen und eiskalte Milch auf. Zu Lindas großem Erstaunen war auch Susan einige Male erschienen und erzählte ihnen in allen Einzelheiten, von wem welches Kleidungsstück für die Modenschau gestiftet worden war.

Toby brachte in seiner Schule mehrere Plakate an und verkündete, daß sein Vater auf dem Grundstück von Maggie Rafferty ein Zelt aufstellen wollte, in dem Eiscreme verkauft würde. Der gesamte Erlös sollte dem Tierschutzverein zur Errichtung des neuen Tierheimes zukommen. Martys Artikel war in der Schülerzeitung erschienen, und jede Woche folgten ein paar weitere Informationen. Alle redeten bereits von dem bevorstehenden Handballspiel zwischen der Mädchen- und der Jungenmannschaft. Teddy, Erin und ihre Freunde führten sich in der Schule auf, als wären sie im Kindergarten.

Wünsch Dir ein SchneiderBuch...

Tolles Preisrätsel auf der letzten Seite!

Wir verlosen jeden Monat 100 Schneider-Bücher

...zu Weihnachten, zum Nikolaus, zum Geburtstag, zum Namenstag, für das gute Zeugnis oder einfach so – weil Lesen schön ist und Spaß macht.

Wegweiser:

SchneiderBücher gibt es bei:

Schneider-Buch

Stand 1/89, Preisänderungen vorbehalten

Lesealter

1.+2. Klasse

„Frische Fische, fünf Feigen und ein Fitzelchen Fahrradschlauch“ verspeist das **ABC-Monster** an seinem F-Tag. Und das ist nur einer von 26 Tagen, an denen es Riesenhunger hat.

Keine Zahl ist vor Nummix sicher, dem 222 Jahre alten **Zahlenmonster,** und seinen Kindern sicher. Paß auf, besonders gern stibitzen sie Nummernschilder!

- Das ABC-Monster
- Das Zahlenmonster

Beide Bücher gibt es in Schreibschrift, vereinfachter Schreibschrift oder Großdruck für je **8,95/ÖS 69,-.**

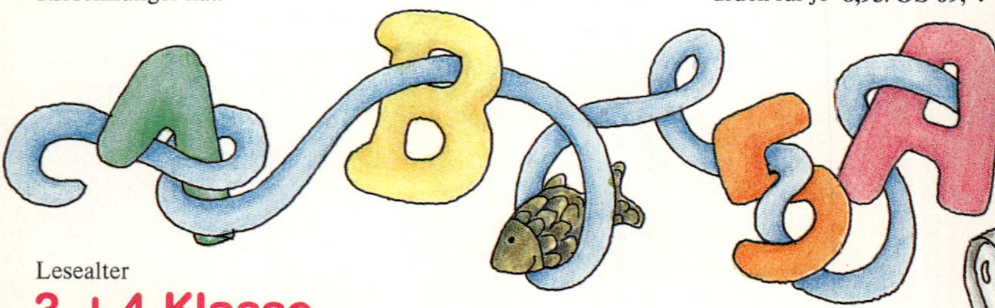

Lesealter

3.+4. Klasse

Bist Du ein guter Detektiv? **Kommissar Kugelblitz** sucht helle Köpfe, die knifflige Fälle selber lösen. Ob du richtig kombiniert hast, zeigt dir die Wunderlupe.

Jeder Kommissar-Kugelblitz-Ratekrimi enthält mehrere spannende Fälle:

- Die schneeweiße Katze
- Das rosa Nilpferd
- Der schwarze Geist
- Das blaue Zimmer
- Der lila Leierkasten
- Der grüne Papagei
- Der gelbe Koffer
- Die orangefarbene Maske
- Die rote Socke

Jedes Buch mit Wunderlupe **9,80/ÖS 79,-.**

Bei uns zu Hause ist immer was los. Dafür sorgen **meine Schwester Klara und ich!** Neulich hatten wir eine Maus als Untermieter. Du kannst dir nicht vorstellen, wie sich Mama aufgeregt hat. Und Klara weiß bis heute nicht, daß ich den Osterhasen beim Eierverstecken beobachtet habe…

Es gibt schon 13 Bücher mit unseren Streichen: Meine Schwester Klara, ich und

- Die geschenkte Maus
- Der Osterhase
- Das Lachwürstchen
- Ihre Kochlöffel
- Die große Wanderung
- Das liebe Geld
- Ihr Geheimnis
- Der Schneemann
- Ihr Schutzengel
- Der Haifisch
- Die Pfütze
- Der Löwenschwanz
- Die Geister

Jedes Buch hat viele bunte Bilder und kostet **9,80/ ÖS 79,-.**

Wir 7 vom **Geheimbund Murmel** erleben eine Menge Abenteuer. Erst taucht Falschgeld im Laden von Pacos Vater auf, dann legt jemand das Schloß der Schultür mit Superkleber lahm. Und wir werden von den Steinen verdächtigt!

Steine? Ach so, das ist unsere Geheimsprache. Du kannst sie lernen, sie steht in unseren Büchern:

- Der Super-Kleber
- Blüten im Salat
- Feige Flucht
- Die Feuer-Vroni
- Ein heißer Fund
- 24 Hunde sind verschwunden

je **6,95/ÖS 55,-.**

Detektivgeschichten, Abenteuer, Spannung

Tommi (13), Schräubchen (12), „TH“ (13) und Milli (12), das sind wir vier von der **Pizza-Bande**! Uns macht es riesigen Spaß, gemeinsam die schwierigsten Aufgaben zu lösen. Im Ferienlager haben wir es mit Säbeltigern, Mammuts und Vampiren zu tun…

Hier siehst du alle Fälle, die wir schon geknackt haben:
- Säbeltiger und Vampire
- Der grüne Fuchs
- Das Gespenst im Schaukelstuhl
- Kartoffelsalat und kalte Füße
- Pfeffer für Pistazien-Paule
- Ein Hai sitzt auf dem Trockenen
- Ein Geist mit nassen Füßen
- Tomatensuppe für den Vampir
- Hände weg von Teddybären
- Gespenster essen keinen Hering
- Spaghetti im Benzintank
- Das Paradies der Frösche
- Tragen Füchse Trainingshosen?
- Die verbeulte Erbschaft
- Der Priester mit den roten Schuhe
- Kakerlaken im Salat

je **8,95/ÖS 69,–.**

Tim Tintenklecks lebt bei dem seltsamen Professor Habakuk Tibatong und seiner Tierfamilie auf einer einsamen Insel im Meer. Eines Tages taucht ein kleiner Eisberg auf. Im Innern schimmert ein großes Ei, aus dem ein seltsames grünes Wesen schlüpft: das **Urmel!**

Und hier sind die Urmel-Bücher:
- Urmel im Vulkan
- Urmel zieht zum Pol
- Urmel spielt im Schloß
- Urmel taucht ins Meer
- Urmel fliegt ins All
- Urmel aus dem Eis

je **8,95/ÖS 69,–.**

Bei der amerikanischen Familie **Maroni** ist allerhand los. Maggi Maroni fiebert ihrem ersten Auftritt als Rodeoreiterin entgegen, Junior erkundet eine Höhle, während Toni und Michael eine gefährliche Floßfahrt unternehmen…

- Eine Familie hält zusammen
- Junior hält alle in Atem
- Wirbel um das grüne Phantom
- Eine Mutter wie keine andere

8,95/ÖS 69,–.

Kurz vor der Nordseemündung, wo die Elbe schon mächtig breit ist, leben die **Acht vom großen Fluß.** Hier gibt es viele Abenteuer zu bestehen mit Schmugglern, gefährlichen Frachten, dunklen Gestalten… Aber auch der Alltag ist aufregend: Die Zwillinge Heike und Heiko z.B. fahren jeden Tag mit dem Segelboot von ihrer Insel zur Schule.

Alle Bände mit den Acht vom großen Fluß:
- Alarm auf dem Zollschiff.
- Der verdächtige LKW
- Die verschwundenen Goldmünzen
- Rote Fässer über Bord
- Feuer in der Nacht
- Das geheimnisvolle Boot
- Die unheimliche Vogelinsel
- Der abenteuerliche Fund

je **8,95/ÖS 69,–.**

– Sammelband 1 **19,80/ÖS 1**

von 9 - 12

Mädchenbücher

Sechs Jahre im Leben von Katja kannst du hier miterleben. Von 12 bis 17 Jahren macht sie die Höhen und Tiefen des Großwerdens durch und versucht, wirkliche Freundschaften zu schließen. Manches davon wirst du selbst schon erlebt haben.

- Mit 12 fühlt man ganz anders
- Mit 13 hat man täglich Ärger
- Mit 14 glaubt man an die Freundschaft
- Mit 15 wachsen einem Flügel
- Mit 16 tanzt man ins Leben
- Mit 17 setzt man auf die Liebe

je **7,95/ÖS 65,-.**

Wir Vier Waldmann-Schwestern Peggy, Maria, Gaby und Daniela leben mit unserer Mutter Corinna und unserem Vater Hanno in dem alten Bauernhaus Buchenloh. Auch wenn eigentlich nur Gabi eine Tochter der Waldmanns ist – für alle vier fast gleichaltrigen Mädchen ist Corinna die beste Mutter der Welt. Und „Paps" Hanno ist mehr als ein Vater, nämlich ihr bester Freund.

Sechs Bücher gibt es von uns Waldmanns:

- Sehnsucht nach dem Süden
- Zwei auf falschen Wegen
- Wettbewerb der Herzen
- Eine Insel im Wind
- Träume hinter dem Spiegel
- Eine Straße durch das Paradies

je **8,95/ÖS 69,-.**

Aus einer kleinen zugelaufenen Katze wird ein „Familienmitglied". Janni lernt, daß es nicht genügt, ein Tier zu lieben – man muß auch Verantwortung übernehmen.

Die bisher erschienenen Piri-Bücher:

- Piri und die alte Katze
- Piri geht auf Reisen
- Piri gewinnt alle Herzen
- Piri stellt alles auf den Kopf
- Kleine Freundin Piri

je **6,95/ÖS 55,-.**

Eigentlich ist Linda ein ganz normales Mädchen... Wenn es da nicht die Tierarztpraxis ihres Vaters gäbe. In einem Tierarzt-Haushalt ohne Mutter kommt einiges auf eine 14jährige zu. Linda hat nicht nur ein riesengroßes Herz für Tiere – sie steht auch sonst ihr Mädchen.

Vier Geschichten gibt es von der Tierarztfamilie:

- Die Tierliebe siegt
- So ein Affentheater
- Hundeleben in Gefahr
- Linda wird überall gebraucht

je **8,95/ÖS 69,-.**

Pferdebücher

Seit Nell auf dem Land wohnt, verbringt sie die meiste Zeit auf dem benachbarten **Reiterhof Dreililien.** Da gibt es immer was zu erleben, und da ist auch Jörn, einer der Söhne des Gutsbesitzers! Nell erlebt die Geburt und Aufzucht des Fohlens Joringel mit der Flasche. Und der nächste Frühling bringt ihr stürmische Tage…

Die Dreililien-Bände:

- Unter dem Frühlingsmond
- Wenn der Sommer geht
- Heimweh nach den Pferden
- Eine Welt für sich
- Alte Lieder singt der Wind
- Der Sommer im Tal
- Der Frühling des Lebens
- Die Tage der Rosen
- Das Glück dieser Erde

je **9,80/ÖS 79,-.**

Johanna und ihre halbwilde Stute Biba leben im Gebiet der Pueblo-Indianer New Mexicos. Die beiden reiten oft über die Mesa in die wilden Berge. So gelangen sie eines Tages in das Gebiet des schwarzen Hengstes El Moro und begegnen dem sagenumwobenen **Wildpferd aus den roten Bergen.** Dann geschieht etwas Dramatisches…

Die Bände:

- El Moro und seine Herde
- Der Ritt durch die Schlucht
- Der Kampf mit dem Coyoten

je **8,95/ÖS 69,-.**

Polly lebt auf einem Bauernhof in Schweden. Jede freie Minute verbringt sie mit den Pferden. Dabei erlebt sie viele spannende Abenteuer. Besonders rund um die Trabrennbahn geschehen dramatische Dinge! Plötzlich ist Satan, der schwarze Traber-Hengst, verschwunden. Da macht Polly eine schlimme Entdeckung…

Alle Polly-Bände auf einen Blick:

- Polly sucht das verschwundene Pferd
- Polly und das Pferdemädchen
- Polly reitet in die Zukunft
- Gefahr auf dem Pferdehof
- Das schönste Pferd der Welt für Polly
- Polly bekommt ein Pferd

je **7,95/ÖS 65,-.**

Alle Pferde lieben Bille. Und ihr ist kein Opfer zu groß für ihre Lieblinge. Sie steht sogar um fünf Uhr auf, um im Stall zu arbeiten. Das Pony Zottel ist ihr bester Freund. **Bille und Zottel** sind einfach unzertrennlich und erleben viele lustige und aufregende Abenteuer.

Das sind sie:
- Ein Pony auf großer Wanderung
- Das Fest der Pferde
- Frühling, Freunde, freche Fohlen
- Sensation in der Manege
- Im Hauptfach Reiten
- Im Sattel durch den Sommer
- Filmstar auf 4 Beinen
- Ein Cowboy für Bille und Zottel
- Gefahr auf der Koppel
- Ferien hoch zu Roß
- Applaus für Bille und Zottel
- ... durch dick und dünn
- Unzertrennliche Freunde
- Pferdeliebe auf den ersten Blick

je **8,95/ÖS 69,-.**
- Sammelband 1
- Sammelband 2
- Sammelband 3

je **19,80/ÖS 149,-.**
- JUBILÄUMSBAND

mit allen Geschichten

29,80/ÖS 239,-.

ab 10

Bücher für schlaue Köpfe

Die Pflanzen- und Tierwelt in Feld, Hecke, Moor und Teich ist abgebildet und erklärt in der Reihe **Unsere Welt erkennen.** Damit läßt sich eine Menge machen: angucken, benennen, fragen, entdecken, spielen und erzählen. Die farbigen Leporellos (so nennt man Bilderbögen zum Ausklappen) kannst du herausnehmen und als Poster an die Wand hängen (und jederzeit wieder fest einheften). Auf ihrer Rückseite stehen viele interessante Informationen über die Tiere und Pflanzen. Auf der Innenseite des Buchdeckels findest du ein lustiges Würfelspiel zum Thema.

Diese Bände gibt es:
- Lebendiges Feld
- Lebendige Hecke
- Lebendiger Teich
- Lebendiges Moor

je **9,80/ÖS 79,-.**

SchneiderLexika sind Leckerbissen für Wissensdurstige und ideal für Schüler! Es ist besser, sie nicht herumliegen zu lassen. Meistens dauert es nämlich nicht lange, bis ein Erwachsener sich darin festgelesen hat, und dann hast du dein schönes dickes Lexikon für eine Weile gesehen!

Such dir deine Lieblingsthemen aus:
- Fußball A-Z **24,80/ÖS 199,-.**
- Jugendlexikon A-Z **24,80/ÖS 199,-.**
- Pferde A-Z **24,80/ÖS 199,-.**
- Sport A-Z **29,80/ÖS 239,-.**

Weitere Schneider-Lexika:
- Das Grüne Lexikon (Umweltschutz) **24,80/ÖS 199,-.**
- Hunde A-Z **19,80/ÖS 149,-**
- Katzen A-Z **19,80/ÖS 149,-.**
- Motorrad A-Z **24,80/ÖS 199,-.**
- Musik A-Z **24,80/ÖS 199,-.**
- Physik A-Z **29,80/ÖS 239,-.**
- Rock & Pop A-Z **29,80/ÖS 239,-.**
- Seefahrt A-Z **29,80/ÖS 239,-.**

Wunschzettel ☒

Liebe/r ______________________ Diese SchneiderBücher wünsche ich mir von Dir

Ursel Scheffler:
☐ Das ABC-Monster
☐ Das Zahlenmonster

Kommissar Kugelblitz-Ratekrimis (mit Wunderlupe)
☐ Die schneeweiße Katze Bd. 9
☐ Das rosa Nilpferd Bd. 8
☐ Der schwarze Geist Bd. 7
☐ Das blaue Zimmer Bd. 6
☐ Der lila Leierkasten Bd. 5
☐ Der grüne Papagei Bd. 4
☐ Der gelbe Koffer Bd. 3
☐ Die orangefarb. Maske Bd. 2
☐ Die rote Socke Bd. 1

Dimiter Inkiow
Meine Schwester Klara und
☐ Die geschenkte Maus Bd. 13
☐ Der Osterhase Bd. 12
☐ Das Lachwürstchen Bd. 11
☐ Ihre Kochlöffel Bd. 10
☐ Die große Wanderung Bd. 9
☐ Das liebe Geld Bd. 8
☐ Ihr Geheimnis Bd. 7
☐ Der Schneemann Bd. 6
☐ Ihr Schutzengel Bd. 5
☐ Der Haifisch Bd. 4
☐ Die Pfütze Bd. 3
☐ Der Löwenschwanz Bd. 2
☐ Die Geister Bd. 1

Dirk Walbrecker:
Geheimbund Murmel
☐ Der Super-Kleber Bd. 6
☐ Blüten im Salat Bd. 5
☐ Feige Flucht Bd. 4
☐ Die Feuer-Vroni Bd. 3
☐ Ein heißer Fund Bd. 2
☐ 24 Hunde sind verschw. Bd. 1

Die Pizza-Bande
☐ Säbeltiger und Vampire Bd. 16
☐ Der grüne Fuchs Bd. 15
☐ Das Gespenst i. Schau. Bd. 14
☐ Kartoffels. u. kalte Füße Bd. 13
☐ Pfeffer f. Pistazien-Paule Bd. 12
☐ E. Hai sitzt a. d. Trocke. Bd. 11
☐ E. Geist m. nass. Füßen Bd. 10
☐ Tomatensup. f. Vampire Bd. 9
☐ Hände weg von Teddyb. Bd. 8
☐ Gespenst. essen k. Hering Bd. 7
☐ Spaghetti i. Benzintank Bd. 6
☐ D. Paradies d. Frösche Bd. 5
☐ Trag. Füchse Trainingsh. Bd. 4
☐ D. verbeulte Erbschaft Bd. 3
☐ D. Priester m. d. r. Schuh. Bd. 2
☐ Kakerlaken im Salat Bd. 1

Max Kruse:
Urmel
☐ Urmel im Vulkan Bd. 6
☐ Urmel zieht zum Pol Bd. 5
☐ Urmel spielt i. Schloß Bd. 4
☐ Urmel taucht ins Meer Bd. 3
☐ Urmel fliegt ins All Bd. 2
☐ Urmel aus dem Eis Bd. 1

Betsy Byars:
Die Maronis
☐ E. Familie hält zusam. Bd. 1
☐ Junior hält alle in Atem Bd. 2
☐ Wirbel u. d. gr. Phantom Bd. 3
☐ E. Mutter wie keine and. Bd. 4

Gabriele Kuhnke:
Die Acht vom großen Fluß
☐ Alarm a. d. Zollschiff Bd. 8
☐ Der verdächtige LKW Bd. 7
☐ D. verschwund. Goldm. Bd. 6
☐ Rote Fässer über Bord Bd. 5
☐ Feuer in der Nacht Bd. 4
☐ D. geheimnisv. Boot Bd. 3
☐ D. unheiml. Vogelinsel Bd. 2
☐ D. abenteuerl. Fund Bd. 1
☐ Sammelband 1

Tina Caspari:
☐ Mit 12 fühlt man ganz anders
☐ Mit 13 hat man täglich Ärger
☐ Mit 14 gl. man a. d. Freundsch.
☐ Mit 15 wachsen einem Flügel
☐ Mit 16 tanzt man ins Leben
☐ Mit 17 setzt man auf die Liebe

Elke Müller-Mees:
Wir Vier
☐ Sehnsucht n. d. Süden Bd. 6
☐ Zwei auf falsch. Wegen Bd. 5
☐ Wettbewerb der Herzen Bd. 4
☐ Eine Insel im Wind Bd. 3
☐ Träume h. d. Spiegel Bd. 2
☐ E. Straße d. d. Paradies Bd. 1

Tina Caspari:
Piri
☐ Piri und die alte Katze Bd. 5
☐ Piri geht auf Reisen Bd. 4
☐ Piri gewinnt a. Herzen Bd. 3
☐ Piri stellt alles a. d. Kopf Bd. 2
☐ Kleine Freundin Piri Bd. 1

Virginia Vail:
Tierarztpraxis Birkenallee 7
☐ Die Tierliebe siegt Bd. 4
☐ So ein Affentheater Bd. 3
☐ Hundeleben in Gefahr Bd. 2
☐ Linda wird überall gebr. Bd. 1

Ursula Isbel:
Reiterhof Dreililien
☐ U. d. Frühlingsmond Bd. 9
☐ Wenn d. Sommer geht Bd. 8
☐ Heimweh n. d. Pferden Bd. 7
☐ Eine Welt für sich Bd. 6
☐ Alte Lied. singt d. Wind Bd. 5
☐ Der Sommer im Tal Bd. 4
☐ D. Frühling d. Lebens Bd. 3
☐ Die Tage der Rosen Bd. 2
☐ Das Glück dieser Erde Bd. 1

Andrea Pabel:
D. Wildpferd a. d. rot. Bergen
☐ El Moro u. seine Herde Bd. 3
☐ D. Ritt d. d. Schlucht Bd. 2
☐ D. Kampf m. d. Coyoten Bd. 1

Thea Oljelund:
Polly
☐ Polly sucht das verschwund. Pferd Bd.
☐ Polly u. d. Pferdemäd. Bd.
☐ Polly reitet i. d. Zukunft Bd.
☐ Gefahr a. d. Pferdehof Bd.
☐ D. schönst. Pferde d. W. Bd.
☐ Polly bekommt e. Pferd Bd.

Tina Caspari:
Bille und Zottel
☐ E. Pony a. gr. Wanderung Bd. 1
☐ Das Fest der Pferde Bd. 1
☐ Frühl., Freunde, fr. Fohl. Bd. 1
☐ Sensation i. d. Manege Bd. 1
☐ Im Hauptfach Reiten Bd. 1
☐ I. Sattel d. d. Sommer Bd.
☐ Filmstar mit 4 Beinen Bd.
☐ E. Cowboy f. Bille u. Zot. Bd.
☐ Gefahr a. d. Pferdekop. Bd.
☐ Ferien hoch zu Roß Bd.
☐ Applaus f. Bille u. Zottel Bd.
☐ ... durch dick u. dünn Bd.
☐ Unzertrennl. Freunde Bd.
☐ Pferdeliebe a. d. e. Blick Bd.
☐ Sammelband 1
☐ Sammelband 2
☐ Sammelband 3
☐ Jubiläumsbd. m. all. Geschicht

Unsere Welt erkennen
☐ Lebendiges Feld
☐ Lebendige Hecke
☐ Lebendiger Teich
☐ Lebendiges Moor

SchneiderLexika
☐ Fußball A-Z
☐ Jugendlexikon A-Z
☐ Pferde A-Z
☐ Sport A-Z
☐ Das grüne Lexikon
☐ Hunde A-Z
☐ Katzen A-Z
☐ Motorrad A-Z

Das große SchneiderPreisrätsel

Jeden Monat 100 SchneiderBücher zu gewinnen!

Mach mit! In diesem Prospekt sind auf jeder Seite einige Buchstaben rot gedruckt. Finde sie, und setze sie dann in der richtigen Reihenfolge im Lösungsabschnitt unten ein. Kleine Hilfe: Der Lösungsspruch sagt, was viele Kinder über SchneiderBücher denken. Vergiß nicht, deine Adresse und dein Alter anzugeben. Also los, wir drücken die Daumen und wünschen viel Glück!

Schicke den Lösungsabschnitt bitte an den Franz Schneider Verlag, Frankfurter Ring 150, D-8000 München 40

✂ -

Mein Lösungsspruch:
SchneiderBücher sind ☐☐☐☐☐☐☐☐☐☐

Vorname ______________ Name ______________

Straße ______________

Postleitzahl ______ Ort ______________

Alter: ______________

Alles drehte sich nur noch um das bevorstehende Volksfest. Die Lehrer veranstalteten sogar einen Wettbewerb im Plakatmalen. Die Liste, in der Jill die Namen der Teilnehmer eintrug, wurde immer länger und füllte bereits mehrere Seiten ihres Notizbuches.

Im Tier-Treff gab es allmählich wieder mehr Platz, denn kaum entließ Doktor Taylor ein Tier als geheilt, so kam es zu Maggie Rafferty, die es vorübergehend bei sich aufnahm. Im Haus der Tierarztfamilie freute sich nur einer, als von den drei Kätzchen kein einziges übrigblieb, und das war Cleveland. Olivia hatte sich nämlich doch noch dazu überreden lassen, die graue *Eins* bei sich zu Hause aufzunehmen. Die Kätzchen *Zwei* und *Drei* waren bei einem von Teddys Schulfreunden untergekommen. Und obwohl Frau Racer das Katzenbaby *Drei* ins Herz geschlossen hatte, konnte sie sich nicht dazu durchringen, es bei sich aufzunehmen. Linda war sich aber ganz sicher, daß sich die Haushälterin mit der Zeit hätte erweichen lassen.

Das einzige große Problem stellte der Esel Pedro dar. Linda konnte sich noch so sehr anstrengen, er wurde nicht zahmer. Gesundheitlich ging es ihm schon viel besser, und seine Wunden waren verheilt, aber dennoch faßte er kein Vertrauen zu Menschen. Wenn Linda ihm eine Karotte oder einen Apfel entgegenstreckte, wandte er sich ab oder aber schnappte nach ihren Fingern. Versuchte sie ihn zu streicheln, zuckte er zusammen, als würde er geschlagen.

„Vielleicht hat er was gegen mich“, sagte sie traurig zu Toby, als sie sich eines Nachmittags über Pedro unterhielten. Sie standen im Stall des Tier-Treffs, und Linda

7 9877-8

beobachtete Pedro, der sich in eine Ecke der Box drängte und so tat, als hätte er sie nicht bemerkt.

„Das hat nichts mit dir zu tun", erklärte ihr Toby. „Er mag niemanden, nicht einmal Ghost. Dabei sollten sie sich schon längst miteinander angefreundet haben. Schließlich sind sie schon mehrere Wochen Nachbarn."

Linda seufzte. „Ich weiß, und sicher ist Ghost genauso traurig darüber, wie ich es bin. Ich hoffe nur, daß der Schaden, den dieser üble Wetzel angerichtet hat, nicht sein ganzes Leben lang anhält. Ich wette, Pedro war ganz normal, als er zu dem Bauern kam. Er wurde sicher erst durch seine schlechte Behandlung so..." Sie schüttelte energisch den Kopf. „Nein, ich glaube es einfach nicht, daß ein Tier böse sein kann. Wir müssen unbedingt einen Weg finden, wie wir Pedro zeigen, daß wir ihm nur Gutes wollen."

„Das versuche ich ja auch die ganze Zeit ihm klarzumachen", vernahmen sie plötzlich Mikes Stimme. Der alte Tierpfleger kam auf sie zu, und hinter ihm trottete Ludwig einher. Linda war erstaunt, den Hund hier zu sehen, denn Mike hatte sich nach längerem Zögern doch dazu durchgerungen, den Schäferhund bei sich aufzunehmen, und hatte ihn seitdem nicht mehr mit in die Tierklinik gebracht. „Abends, wenn alle gegangen sind, unterhalte ich mich oft mit Pedro", fuhr Mike fort. „Aber er ist alles andere als gesprächig. Ich sage ihm immer wieder, daß ihm niemand Böses will, aber anscheinend glaubt er mir das nicht." Mike machte ein betrübtes Gesicht, denn es war das erste Mal in seinem Leben, daß ein Gespräch mit einem Tier zu keinem Erfolg geführt hatte.

Linda beugte sich zu Ludwig hinunter. Der Hund machte einen müden Eindruck. „Fehlt ihm was, Mike?" fragte sie. „Er ist doch nicht krank, oder? Irgend etwas stimmt nicht an ihm."

„Keine Ahnung", brummte Mike. „Um ehrlich zu sein, ich frage mich auch schon seit ein paar Tagen, was mit dem Tier los ist. Ich dachte, der Doktor könnte ihn sich mal ansehen. Aber der meinte, er hätte nichts, das wäre nur das Alter. Aber so alt ist er gar nicht, höchstens sieben oder acht Jahre."

Ludwig legte sich zu Mikes Füßen und gab ein leises Seufzen von sich. Dann legte er den Kopf zwischen die Vorderpfoten.

„Kopf hoch, mein Junge", ermunterte ihn Toby. „Was ist denn los, daß du so traurig dreinschaust?"

Der Schäferhund wedelte kurz mit dem Schwanz und schloß die Augen.

„Vielleicht ist er depressiv", bemerkte Toby.

„O Toby, das ist wirklich nicht der Augenblick für Scherze", wies ihn Linda zurecht.

„Das soll kein Scherz sein", verteidigte sich Toby. „Ich habe irgendwo gelesen, daß es auch Psychiater für Tiere gibt. Vielleicht braucht auch Pedro einen."

„Dieser Esel braucht keinen Arzt", fiel ihm Mike ins Wort. „Er braucht nur einen Freund."

„Aber Pedro hat Freunde, mehrere sogar", widersprach Linda ihm. „Er hat uns, und wenn er wollte, könnte er sich mit Ghost anfreunden."

„Ich muß gehen", sagte Mike. „Es wartet noch eine Menge Arbeit auf mich. Unter anderem muß Pedros Stall ausgemistet werden. Hoffentlich läßt er mich rein."

„Seien Sie vorsichtig, Mike", warnte ihn Linda, als er mit der Mistgabel in Pedros Box trat. Ludwig wollte mit ihm kommen, doch da sagte Toby: „Der Hund sollte besser draußen bleiben, meinen Sie nicht?"

Mike packte den Schäferhund am Halsband, um ihn von dem Esel fernzuhalten, aber es gelang ihm nicht. Ludwig ging ganz nahe an Pedro heran und winselte leise.

„Ludwig!" rief Mike. „Hierher! Dieser Esel ist gefährlich."

Der Esel drehte den Kopf zu dem Hund, dann stellte er das eine Ohr auf und schließlich das zweite.

Ludwig wedelte mit dem Schwanz. Pedro beugte den Kopf und berührte mit den Nüstern die Schnauze des Hundes. Dieser leckte ihm sogleich den Nasenrücken, und der Esel ließ es sich widerstandslos gefallen.

„Sieht ganz so aus, als hätte Pedro einen Freund gefunden", sagte Linda.

„Ja, und Ludwig scheint es schon etwas besser zu gehen", fügte Toby hinzu. „Vielleicht hält er den Esel für einen großen Hund?"

„Und vielleicht denkt Pedro, Ludwig ist ein kleiner Esel", spann Linda kichernd den Gedanken weiter.

Mike stützte sich nachdenklich auf den Stiel der Mistgabel und meinte: „Vielleicht war Ludwig so sonderbar, weil er sich einsam fühlte? Als die Welpen um ihn herum waren, schien er richtig glücklich zu sein. Erinnerst du dich, Toby?"

Der Junge nickte.

Linda holte aus ihrer hinteren Hosentasche eine Karotte hervor. Dann ging sie ganz ruhig auf Pedro zu und blieb einen Schritt von ihm entfernt stehen. Die Karotte lag auf ihrer ausgestreckten Hand. Pedro hob den Kopf und sah Linda mit seinen großen braunen Augen an. Seine Ohren zuckten ein paarmal, aber er legte sie nicht wie sonst ängstlich an. Dann beschnupperte er die

Die beiden beschnupperten sich und waren auf Anhieb gute Freunde

Karotte. Linda hielt den Atem an. Schließlich schnappte der Esel vorsichtig danach und verspeiste sie genüßlich. Linda streichelte währenddessen sein struppiges Fell. Er ließ es sich gefallen, doch hin und wieder zuckte er zusammen, als wollte er eine lästige Fliege abschütteln.

„Mike, haben Sie was dagegen, wenn Ludwig heute nacht bei Pedro bleibt?" fragte sie den Tierpfleger und lächelte ihm freundlich zu.

Mike erwiderte ihr Lächeln und meinte: „Von mir aus, Linda." Er verließ mit Linda den Stall. „Ich miste später aus", sagte er. „Die beiden sollten vorerst eine Weile allein sein, damit sie sich miteinander anfreunden." Dann grinste er Linda an und sagte: „Aber verlange ja nicht von mir, daß ich den Esel auch noch mit nach Hause nehme! So viel Platz habe ich wirklich nicht."

Es dauerte nicht lange, und Pedro war wie ausgewechselt. Aber auch Ludwig schien wieder glücklicher zu sein. Die beiden waren unzertrennliche Freunde geworden. Ludwig schlief in Pedros Box, und wenn der Esel mit Ghost auf der Koppel war, dann folgte der Schäferhund ihm auf Schritt und Tritt.

Pedro hatte sich inzwischen auch mit dem Grauschimmel angefreundet, und Linda konnte sich an dem Anblick der drei nicht satt sehen, wenn sie aus dem Fenster der Tierklinik zur Koppel hinüberschaute.

Endlich war es soweit, daß Linda ihren Plan mit Pedro ausführen konnte. Sie wollte ihn fürs Reiten trainieren. Wann immer sie ein wenig Zeit hatte, eilte sie zu ihm, streichelte sein graues Fell, gab ihm eine Karotte oder einen Apfel zu fressen und führte ihn am Halfter auf der Koppel herum. Da sie keinen so kleinen Sattel hatte, der auf Pedros Rücken paßte, bastelte sie mit Tobys Hilfe aus einer Decke und einem Lederriemen eine Art Sattel. Als Zügel diente ihnen ein dünnes Seil.

Jetzt fehlte nur noch der Reiter. Linda wußte, daß es Teddy kaum erwarten konnte, auf Pedros Rücken zu sitzen, aber sie wußte nicht, wie der Esel sich aufführen würde, wenn plötzlich jemand auf ihm saß.

„Vielleicht sollten wir es vorerst mit einem Gegenstand versuchen", schlug Toby vor. „Wir könnten doch einen Sack mit Tierfutter auf den Sattel legen. Der wiegt in etwa soviel wie ein sieben- bis achtjähriges Kind."

„Ja, das ist eine gute Idee. Komm, wir holen einen", meinte Linda.

Gleich darauf luden sie einen Sack mit Hundefutter auf Mikes Schubkarre, den Toby zur Koppel fuhr. Dann hielt Linda den Esel fest, und Toby hievte den Sack auf dessen Rücken. Der Esel tänzelte unruhig herum und schnaubte, aber Linda gelang es, ihn mit Worten zu besänftigen. Bevor sie ihn dann am Zügel führte, gab sie ihm eine große Karotte. Ghost trottete neben Pedro einher und schaute ihn neugierig an. Ludwig folgte den beiden.

Toby saß auf dem Koppelgatter, und als Linda an ihm vorbeiging, rief er: „Sieh dir mal Ludwig an, Linda!"

Linda warf einen Blick über die Schulter und sah, daß der Schäferhund alle paar Schritte stehenblieb, um etwas vom Boden aufzulesen und zu fressen.

„Der Futtersack hat ein Loch!" rief Toby und krümmte sich vor Lachen. „Ludwig schneidet am besten ab!"

*

Zwei Wochen vor dem Jahrmarkt entschied Linda, daß Pedro nun soweit war, daß der Futtersack gegen einen richtigen Reiter ausgetauscht werden konnte. An einem sonnigen Nachmittag gingen die Taylors mit ihren Freunden zur Koppel und versammelten sich alle am Zaun.

„Ich möchte als erster drankommen!" rief Teddy aufgeregt. „Und dann sind Billy und Eric an der Reihe!"

„Und dann ich!" meldete sich Sparky, deren sommersprossiges Gesicht vor Aufregung gerötet war. „Ich bin noch nie auf einem Esel geritten. Darf ich es probieren, Linda?"

„Na klar", erwiderte diese und konnte sich kaum vorstellen, daß dieses kleine Mädchen noch vor ein paar Wochen riesige Angst vor Pferden gehabt hatte und daß es großer Überredungskunst bedurfte, bis sie sich endlich auf Ghosts Rücken wagte.

„Teddy, du darfst nur dann auf Pedro reiten, wenn du dich von mir die ganze Zeit halten läßt. Hast du mich verstanden?" sagte der Tierarzt. „Pedro hat sich zwar an den Sack gewöhnt, aber ein lebhafter Junge ist was anderes."

„Ach, Paps! Wofür hältst du mich denn? Ich bin doch kein Dummkopf", empörte sich Teddy.

„Ich weiß, was für ein verwegener Cowboy du bist, der mit allen Pferden umzugehen versteht, aber ein störrischer Esel ist etwas anderes. Noch dazu, wenn er noch nie zuvor geritten worden ist. Und es kann durchaus der Fall sein, daß er sich dagegen wehrt. Wenn du nicht willst, daß ich dich halte, kommt Sparky als erste an die Reihe."

„Ja, mich können Sie halten!" rief das Mädchen und rannte sogleich auf den Tierarzt zu. „Ich bin kein Angsthase mehr, aber sicher ist sicher."

„Weg da, Sparky!" rief Teddy und drängte sie von dem Esel weg. „Linda hat gesagt, daß ich als erster drankomme." Dann wandte er sich an seinen Vater und meinte: „Okay, Paps, meinetwegen kannst du mich halten."

Der Tierarzt half ihm in den Sattel. Der Esel schnaubte und tänzelte unruhig umher. Linda flüsterte ihm etwas ins Ohr, und er beruhigte sich wieder. Dann führte sie die beiden auf der Koppel herum. Der Tierarzt, der seine Arme schützend um Teddy gelegt hatte, ging neben ihnen einher. Ludwig folgte ihnen mit lebhaftem Schwanzwedeln.

Als sie zu den anderen zurückkehrten, ließ der Tierarzt Teddy los.

„Ich habe es dir doch gesagt, daß ich allein auf ihm reiten kann", triumphierte Teddy und ließ sich von Pedros Rücken gleiten. „Ein Kinderspiel. Billy, jetzt bist du an der Reihe."

Nachdem alle eine Runde auf dem Esel geritten waren, wandte sich Linda ihrem Vater zu und meinte voll Stolz: „Haben wir es dir nicht gesagt, daß er eines Tages zahm sein wird? Bist du jetzt einverstanden damit, daß wir ihn auf den Jahrmarkt mitnehmen und die Kinder darauf reiten dürfen?"

„Ach, das war der Grund, warum du dir solche Mühe mit ihm gegeben hast", erwiderte ihr Vater lachend. „Ich wüßte nicht, was dagegen sprechen sollte, Linda. Pedro benimmt sich einwandfrei. Aber es ist nicht allein *dein* Verdienst, hast du das ganz vergessen?"

„Nein, natürlich nicht, ich habe auch *wir* und nicht *ich* gesagt", verteidigte sich Linda. „Toby hat genauso dazu beigetragen."

„Das ist mir schon klar", sagte der Tierarzt. „Aber was ist mit dem anderen Helfer, ich meine den vierbeinigen?"

„Ach, du sprichst von Ludwig?" sagte Linda und tätschelte den Kopf des Schäferhundes. „Du hast recht, Paps. Ohne Ludwig wäre Pedro nicht zahm geworden."

„Was für ein guter Hund er doch ist", meinte Sparky. Sie hockte sich neben Ludwig nieder und legte einen Arm um ihn. „Ich würde ihn so gerne mit nach Hause nehmen, aber meine Mama meint, ein Kater ist schon genug. Und außerdem mag Charly keine Hunde."

„Ludwig braucht kein Zuhause, er gehört Mike", klärte Linda sie auf. Aber da kam ihr plötzlich ein schrecklicher Gedanke in den Sinn: Wenn sich für Pedro ein neuer Besitzer melden würde, dann müßten sich der Esel und der Schäferhund voneinander trennen. Pedro würde sicher sehr traurig sein ohne seinen Freund. Und Ludwig würde es nicht anders ergehen. Wie schön wäre es doch, wenn ihr Vater erlauben würde, daß sie Pedro hier im Tier-Treff behalten dürften. Aber er hatte bereits mit den Leuten von der Wildlife-Farm gesprochen, und sie hatten zugesagt, den Esel bei sich aufzunehmen, vorausgesetzt, daß Kinder auf ihm reiten könnten. Im Augenblick ließ Pedro das zu, aber was würde er tun, wenn Ludwig nicht mehr da wäre?

Endlich ist es soweit

Am Vorabend des Volksfestes hörte sich Linda mehrere Male den Wetterbericht an und hoffte, daß es so sonnig und warm sein würde, wie es die Meteorologen voraussagten. Wenn es regnen sollte, würde das Fest auf den nächsten Samstag verschoben. Aber das wäre nicht mehr das gleiche. Die Leute würden vielleicht nicht mehr daran denken oder bereits etwas anderes vorhaben.

Als sie am Samstagmorgen erwachte, blendete sie grelles Sonnenlicht, das durch ihr Fenster flutete. Und nicht ein Wölkchen war am Himmel zu sehen.

Linda sprang mit einem Satz aus dem Bett, wodurch sie Cleveland weckte, der auf ihrer Bettdecke schlief. Der Kater streckte sich gähnend und rollte sich dann wieder ein.

„Nun komm schon, Cleveland“, sagte Linda zu ihm und zwickte ihn leicht in sein Bäuchlein. „Ich möchte, daß du beim Wettbewerb der dicksten Katzen mitmachst. Wie wäre es mit einem großen Frühstück?“

„Linda, bist du schon wach?“ ertönte Erins Stimme vom Flur. „Ich habe schon geduscht. Du kannst ins Bad. Beeil dich, damit dir Paps und Teddy nicht zuvorkommen.“

Linda stürzte ins Badezimmer, duschte und wusch sich die Haare. Sie hatte noch eine Menge zu erledigen, bevor das Volksfest eröffnet wurde. Sie mußte zum Tier-Treff radeln und Ghost für den Umzug fertigmachen. Er ging von der Marktstraße aus, genauer gesagt vom Rathaus weg. Und zwar um Punkt neun, und jetzt war es bereits Viertel nach sieben.

Sie fönte sich die Haare vor dem Wandspiegel ihres Zimmers. Über einem Stuhl hingen die Sachen, die sie anziehen wollte: Bluejeans, weiße Tennisschuhe und eine rosafarbene Baumwollbluse. Dazu wollte sie die schwarze Reitkappe aufsetzen, die sie vor ein paar Monaten gekauft hatte.

Obwohl es keinen Grund zur Aufregung gab, war sie äußerst nervös. Jill hatte die Aktivitäten des Jugend-Komitees geregelt, und alle, einschließlich Susan, waren auf ihre Tätigkeit vorbereitet. Und die Erwachsenen würden es ebenfalls sein. Der Jahrmarkt würde sicher ein großer Erfolg werden. Alle Mitglieder des Finanzausschusses des Tierschutzvereins würden anwesend sein, und zwar als Tiere verkleidet. Frau Racer hatte Tag und Nacht an dem Hundekostüm des Tierarztes genäht, und außerdem hatte sie, wie auch alle ihre Bekannten, Berge von Plätzchen gebacken.

„Linda?“ erklang die Stimme ihres Vaters hinter der Tür.

„Komm rein, Paps“, rief sie.

Ihr Vater betrat das Zimmer, und als Linda sich zu ihm umdrehte, brach sie in schallendes Gelächter aus. Er hatte nämlich das Hundekostüm an, und in der Hand hielt er die Hundemaske.

„Keinen Kommentar, bitte!“ sagte er. „Ich weiß, ich sehe urkomisch aus. Warte erst, bis ich die Maske aufhabe. Jeder Hund, der etwas auf sich hält, würde sich schieflachen bei meinem Anblick. Aber von dir erwarte ich, daß du dich beherrschst!" Mit diesen Worten nahm er die Maske vor das Gesicht. Linda krümmte sich vor Lachen, denn noch komischer als das Hundegesicht waren die langen Schlappohren.

„Du bist der größte Beagle, der mir je untergekommen ist", sagte sie, als sie wieder zu sprechen imstande war. „Warte erst, bis Maggie Rafferty dich sieht. Von nun an wird sie nicht mehr behaupten, daß du sie an einen Airedale erinnerst!"

„Ich tue es nur für den Tierschutzverein", sagte ihr Vater mit gespielter Würde. Er kramte in seiner Hosentasche und holte unter dem Hundekostüm ein Notizbuch hervor. Er blätterte es rasch durch und meinte: „Ich glaube, wir haben alles getan, was zu tun war. Und wie steht's mit euch?"

„Ich glaube auch, daß alles klappen wird", erwiderte Linda. „Teddy wird um halb neun von dem Anführer der Pfadfindergruppe abgeholt, Erin und Olivia nehmen mit den Fahrrädern am Umzug teil, und ich wollte mich gerade auf den Weg zu Ghost machen, um ihn zu satteln. Ich treffe mich mit Toby, der auf Pedro reiten wird. Alle anderen aus meinem Komitee werden sich bei Maggie einfinden."

„Bis auf eine", sagte ihr Vater.

„Wen meinst du?"

„Susan Bascombe. Von Maggie habe ich erfahren, daß Susan unbedingt auf dem Pferdewagen durch die Stadt fahren will. Und Maggie wollte ihr diesen Wunsch nicht abschlagen. Auf dem Wagen sind zwar die Leute vom Tierschutzverein, die sich als Tiere verkleidet haben. Susan wird womöglich, mit Rüschen und Schleifen geschmückt, wie eine Faschingsprinzessin, Rosen und Nelken in die Menge werfen.

Lindas Augen wurden immer größer. „Hat ihr denn niemand gesagt, daß sie ein Tierkostüm anhaben muß, wenn sie auf dem Wagen sitzen will?“ wunderte sie sich.

„Sicherlich nicht“, sagte ihr Vater. „Ich glaube, man hat ihr lediglich gesagt, sie bekommt vom Tierschutzverein die vorgeschriebene Kleidung. Zum Glück ist das nicht mein Ressort. Ich bin also in keiner Weise für Susan verantwortlich, weder für ihr Kostüm noch dafür, was sie tut.“

„Dieser Umzug wird sicher noch viel lustiger werden, als wir es uns vorstellen können“, meinte Linda.

In diesem Augenblick stürmte Teddy in Pfadfinderkleidung und mit der Baseballmütze auf dem Kopf zur Tür herein.

„Linda, hast du vielleicht gesehen, wo mein ...?“ Er sprach den Satz nicht zu Ende und fing laut zu lachen an.

„Kannst du mir verraten, was hier so komisch ist?“ fragte ihn sein Vater. „Ich bitte schon um etwas mehr Respekt, schließlich bin ich dein Vater!“

Als sich Teddy wieder gefangen hatte, sagte er: „Paps, willst du nicht beim Hundewettbewerb mitmachen? Ich bin sicher, daß du der größte sein wirst.“

„Und wie wäre es mit dem ungewöhnlichsten?“ mischte Linda sich ein und kicherte.

Erin steckte den Kopf zur Tür herein. „Ich finde, Paps sieht richtig süß aus“, sagte sie.

„Wenigstens einer in der Familie beweist guten Geschmack“, meinte der Tierarzt und steckte sein Notizbuch weg. „Ich muß nun gehen“, sagte er. „Um Viertel vor neun treffen wir uns alle vor dem Rathaus.“

„Fährst du so mit dem Auto?“ wollte Linda wissen.

„Hast du gedacht, daß ich in diesem Aufzug zu Fuß durch die Stadt gehe?“ fragte ihr Vater. „Hoffentlich hält mich kein Polizist auf, denn ich habe keinen Hundeführerschein!“

„Vielleicht solltest du wenigstens die Maske vom Gesicht nehmen“, schlug Linda ihm vor. „Wenn dich die entgegenkommenden Autofahrer sehen, bauen sie womöglich einen Unfall, denn einen Hund am Steuer haben sie sicher noch nie gesehen!“

„Du hast recht, Linda“, sagte ihr Vater und nahm die Maske ab. Er wußte nicht, wohin er sie stecken sollte, und meinte: „Ich frage mich, wo Hunde ihre Sachen verstauen?“

„Sag mal, Paps, ißt du kein Frühstück?“ fragte Erin.

„Nein, ich habe keine Zeit mehr dazu. Vielleicht finde ich unterwegs einen Knochen ...“

Linda, Erin und Teddy schauten ihm nach, als er sich entfernte, und da er von hinten ebenso komisch aussah, fingen sie wieder zu lachen an.

„Seine Ohren sind umwerfend, aber der Schwanz ist genauso lustig“, rief Linda und krümmte sich vor Lachen.

Als Linda und Toby in Richtung Rathaus ritten, schlossen sich ihnen immer mehr Leute an. Kinder folgten ihnen mit ihren Fahrrädern oder rannten ihnen nach. Erwachsene fuhren langsam mit dem Auto hinterdrein. Linda saß stolz im Sattel, denn Ghost sah noch immer so prächtig aus wie früher, als er ein berühmtes Springpferd gewesen war. Sie hatte ihn so lange gestriegelt, bis sein Fell einen silbrigen Glanz aufwies.

Toby hatte ebenfalls Pedros Fell gestriegelt. Jetzt saß er mit hochroten Ohren auf dem Esel und schämte sich fürchterlich, denn seine Beine waren viel zu lang für das Tier und berührten beinahe den Boden.

„Ich sehe wirklich lächerlich aus", brummte er, als sie die Birkenallee entlangtrotteten. „Ich bin auch viel zu schwer für ihn."

„Nein, das ist nicht wahr", widersprach Linda ihm. „Esel können ganz schwere Lasten tragen. Da bist du das reinste Fliegengewicht dagegen. Und wenn du meinst, daß du lächerlich aussiehst, dann warte, bis du meinen Vater zu sehen bekommst!"

„Wieso?" wunderte sich Toby.

Linda verriet ihm nichts, sondern sagte nur: „Hast du schon einmal einen Beagle gesehen, der fast zwei Meter groß ist?"

„Sehr witzig", bemerkte Toby.

Doch Toby verhielt sich den ganzen Weg lang sehr tapfer, trotz der vielen Zurufe, die ihm und dem Esel galten.

„Sag mal, warum läßt du den Esel nicht auf dir reiten?"

„Der reitet ja gar nicht, der geht zu Fuß!"

„Sag mal, Junge, warum suchst du dir kein Tier in deiner Größe?"

Nach all diesen Zurufen war es nicht verwunderlich, daß Toby, am Rathaus angekommen, sofort von Pedro heruntersprang und die beiden Pappschilder zu beiden Seiten des Esels anbrachte, auf die er folgenden Text geschrieben hatte: WER WILL DIESEN ESEL? Toby zog den Kopf ein, in der Hoffnung, seine Schulkameraden, die allmählich eintrafen, würden ihn nicht erkennen.

Der Platz vor dem Rathaus füllte sich zusehends mit Menschen, die darauf warteten, an dem Umzug teilzunehmen. Linda hatte den Eindruck, noch nie so viele Menschen auf einmal gesehen und einen solchen Lärm gehört zu haben.

Die Musikkapelle des Gymnasiums marschierte auf, und gleichzeitig spielte die Kapelle der Kennedy-Schule, die Toby besuchte. Und überall standen Pfadfindergruppen und unterhielten sich lebhaft. Kinder schlängelten sich mit ihren Fahrrädern durch die Menschenmenge, und an den Lenkern flatterten lustige Wimpel.

Hin und wieder erblickte Linda ihren Vater, wie er als Hund verkleidet von einem zum anderen ging und dafür sorgte, daß sie sich zum Umzug aufstellten. Andere Mitglieder des Tierschutzvereins, die ebenfalls als Tiere verkleidet waren, drängten sich durch die Menschenmenge oder bestiegen bereits den Pferdewagen. Dieser war mit Rosen aus Kreppapier geschmückt. Auf einem großen Schild, das an der Seite angebracht war, stand: NEHMT EIN TIER AUF – RETTET DAS TIERHEIM – DER TIERSCHUTZVEREIN BRAUCHT EURE HILFE.

Im letzten Winkel des Umzugswagens erblickte Linda ein großes dickes Schwein. Neugierig ritt sie auf den Wagen zu, um es aus der Nähe zu betrachten. Als sie davor stand, sah sie in zwei große blaue Augen, die Susan Bascombe gehörten und die sie wütend anfunkelten.

8 9877-8

„Das werde ich dir heimzahlen, Linda!“ zischte diese. „Das wirst du mir büßen! Du hast das mit Absicht getan.“

Linda biß sich auf die Lippen, um nicht in schallendes Gelächter auszubrechen. Als sie sich beruhigt hatte, sagte sie: „Ich habe bis heute früh keine Ahnung gehabt, daß du auf dem Wagen bist. Mein Vater hat es mir kurz vor dem Weggehen gesagt. Glaub mir, das ist die Wahrheit.“ Aber dann konnte sie es sich doch nicht verkneifen hinzuzufügen: „Wenigstens ist Pink deine Lieblingsfarbe!“

„Oh, wie ich dich hasse!“ fauchte Susan. Doch da kam ein riesiges Kaninchen auf sie zu und drückte ihr einen Stoß Flugblätter in die Hand. Linda wußte sofort, wer sich hinter dem Kaninchen verbarg: Es war George Frick.

„Hier steht alles über das Bauprojekt des Tierschutzvereins drauf“, erklärte er Susan. Sobald sich der Wagen in Bewegung setzt, wirfst du sie in die Menge. Hast du mich verstanden?“ Als er den Kopf hob, erblickte er Linda. „Hallo, Linda“, rief er ihr zu. „Gut machst du dich da oben auf dem Pferd!“

„Danke, Herr Frick. Übrigens, Sie sehen auch nicht übel aus mit den riesigen Ohren!“ erwiderte Linda. Dann grinste sie Susan zu und ritt weiter.

Als sie die Gruppe der Pfadfinder erreichte, sah sie, wie ihr Vater auf den Pferdewagen zulief und sich die Maske über das Gesicht streifte. Teddy winkte ihr lebhaft zu, und Linda erspähte schließlich Erin und Olivia auf ihren Fahrrädern, die sie mit Blumen geschmückt hatten.

Toby hielt Pedro am Halfter fest und ging neben ihm einher. Um nichts in der Welt hätte er sich vor all diesen Menschen auf den Rücken des Esels gesetzt!

Linda sah, wie ihr Vater mit heftigen Handbewegungen den Pferdewagen zum Warten anhielt. Sie wußte nicht, warum. Aber es wurde ihr gleich darauf klar, denn Maggie Rafferty kam wild strampelnd auf ihrem Fahrrad die Hauptstraße dahergefahren. Erst als sie ganz vorne auf dem Umzugswagen Platz genommen hatte, gab ihr Vater das Startzeichen. Linda gab der Musikkapelle den Einsatz. Und gleich darauf ertönte flotte Marschmusik. Ghost tänzelte etwas unruhig umher, warf den Kopf zurück und schnaubte leise. Aber Linda tätschelte ihm beruhigend den Hals, und er ging sittsam weiter. Dann setzte sich der Zug unter den jubelnden Zurufen der Menschenmenge, die die Straßen säumte, in Bewegung.

Pedro ist gerettet

Um Maggie Raffertys Haus hatte sich eine große Anzahl von Menschen eingefunden. Alle waren in Sonntagsstimmung. Sie nahmen an den verschiedenen Aktivitäten teil und gaben großzügig ihr Geld aus.

Linda, die soeben von dem Handballspiel gegen die Jungenmannschaft kam, hatte noch nicht Zeit gehabt, sich umzuziehen. Die Leute um sie herum gratulierten ihr zum Sieg. Das Match hatte hinter Maggies riesigem Landhaus stattgefunden. Sarah Jones hatte die meisten

Punkte gemacht und wurde als Heldin des Tages gefeiert. Linda freute sich unsagbar über den Sieg ihrer Mannschaft, wenngleich sie wußte, daß einige in der Jungenmannschaft in der nächsten Zeit nicht mit ihr reden würden.

„He, Toby! Weißt du schon, daß wir gewonnen haben?" rief sie dem Jungen zu.

„Ja, gratuliere!" erwiderte Toby. „Ihr Mädchen hattet wieder mal Glück!"

„Was heißt hier Glück?" empörte sich Linda. „Wir haben besser gespielt, das ist alles."

„Ach was, ich wette, die Jungs haben euch absichtlich gewinnen lassen. Das weiß doch jeder, daß Jungen die besseren Spieler sind. Möchtest du nicht Pedro eine Zeitlang herumführen? Ich habe dringend eine Pause nötig und möchte mir ein Eis holen."

Der wird wohl nie begreifen, daß Mädchen genauso begabt sind wie Jungen, dachte Linda. Aber sie ließ sich ihren Mißmut nicht anmerken und sagte: „Klar, Toby. Geh nur! Könntest du mir vielleicht auch ein Eis mitbringen?"

„Was für eines möchtest du denn?"

„Ist mir egal, die Hauptsache ist, es ist kalt." Dann wandte sie sich an die Kinder, die um Pedro herumstanden. „Wer ist als nächster an der Reihe?" fragte sie.

„Ich!" rief ein kleines Mädchen mit einem Clowngesicht. „Ich habe schon bei dem Jungen bezahlt." Sie deutete auf Teddy, der mit einer Zigarrenschachtel das Geld einsammelte. „Er sagte, wenn ich etwas mehr bezahle, dann dürfte ich den Esel auch streicheln."

Linda verdrehte die Augen. Das war wieder einmal

typisch Teddy! Der entwickelte sich geradezu zu einem gewieften Bürschchen.

Linda führte den Esel im Kreis herum, und Ludwig wich nicht von ihrer Seite. Als sie an Teddy vorbeikam, streckte dieser ihr die Hand entgegen und meinte: „Ich bekomme noch Geld von dir."

„Wieso denn das?" wollte Linda wissen.

„Weil du Pedro gestreichelt hast", erwiderte ihr Bruder.

„Daß ich nicht lache! Schließlich arbeite ich hier."

Dann kamen Erin, Olivia und Jill angerannt.

„Wir haben keine Clown-Schminke mehr", berichtete Jill. „Dafür haben wir aber eine Menge Geld eingenommen."

„Wir kommen gerade von der Modenschau", erzählte Erin. „Es waren nicht viele Leute da, aber Susan und ihre Freundinnen sahen wirklich toll aus! Schade, daß Susan so eine Zicke ist, denn sie ist ein so hübsches Mädchen."

„Ja, das stimmt", sagte Linda lachend. „Sie war das schönste Schwein, das mir je untergekommen ist."

Nun lachten auch die anderen und hörten erst auf, als Toby Linda auf die Schulter klopfte.

„Mach dich auf Ärger gefaßt", sagte er und deutete mit dem Kopf in die Menge.

Linda glaubte ihren Augen nicht zu trauen, denn John Wetzel bahnte sich einen Weg durch die Menschen. Er hatte denselben dreckigen Overall an und auf dem Kopf den zerbeulten Strohhut wie neulich, als sie ihn aufgesucht hatten.

Als Erin Lindas erschrockenes Gesicht sah, fragte sie

besorgt: „Was ist denn los?“

„Ich hoffe, nichts“, erwiderte Linda.

Toby machte wieder eine Runde mit Pedro, und Linda rührte sich nicht von der Stelle und hoffte, daß Wetzel nicht auf sie zukommen würde.

Aber dem war nicht so, er kam schnurstracks auf sie zu.

„Wer ist denn der schreckliche Typ?“ fragte Erin.

„Ein Bauer“, antwortete Linda rasch. Egal, worum es ging, sie wollte nicht, daß Erin und Olivia bei dem Gespräch dabei waren. Deshalb sagte sie zu Jill: „Ich lade auch drei zu einem Eis ein. Habt ihr Lust dazu?“ Sie kramte aus ihrer Hosentasche ein paar Münzen hervor und drückte sie Jill in die Hand.

„Gern“, freute sich Jill. „Das ist genau das, was ich jetzt brauche. Sag, ist alles okay?“

„Ja, ja. Bis dann, Jill“, sagte Linda und schob die Freundin von sich.

Die Mädchen waren gerade in der Menge verschwunden, als Herr Wetzel vor Linda stehenblieb und sie angrinste, wobei er seine gelben Zähne zeigte.

Linda erwiderte nicht sein Lächeln.

„Sieh mal einer an, das ist doch das Töchterchen vom Tierarzt“, sagte Wetzel und stemmte die Arme in die Hüften. „Sieht ganz so aus, als ginge es meinem Pedro ausgezeichnet.“

„Ja, es geht ihm gut“, sagte Linda, ohne die Miene zu verziehen.

„Ich werde dir und deinem Vater noch große Schwierigkeiten bereiten, denn erstens habt ihr mir meinen Esel gestohlen und zweitens schlagt ihr nun auch noch Geld aus ihm heraus, und das in aller Öffentlichkeit! Nerven habt ihr, das kann man wohl behaupten!"

„Pedro ist nicht mehr Ihr Esel", sagte Linda ruhig. „Er gehört dem Tier-Treff."

„Ach, so ist es?" meinte Wetzel und kaute etwas, das Linda für Kautabak hielt. Dann spuckte er ihr direkt vor die Füße. „Bin neugierig, wie das Gesetz das sieht."

Linda ballte ihre Hände zu Fäusten. „Laut Gesetz wurden Sie zu einer Geldstrafe verurteilt wegen Tierquälerei", entgegnete sie. „Das Gesetz ist auf der Seite der mißhandelten Tiere."

„Das mag schon sein", brummte Herr Wetzel. „Das will ich auch nicht bestreiten. Aber was mich interessiert, ist, wie das Gesetz den Diebstahl von Tieren bestraft. Du behauptest, Pedro gehöre dem Tier-Treff. Habt ihr von mir eine Rechnung für Pedro bekommen?"

„Nein", kam es zögernd über Lindas Lippen. Sie suchte in der Menge nach dem Hundekostüm ihres Vaters, aber leider vergeblich. Jetzt hätte sie dringend Unterstützung gebraucht.

„Natürlich habt ihr keine Rechnung, denn ich habe Pedro nicht verkauft", sagte Herr Wetzel. „Dieser Esel gehört mir, und ich werde ihn mir wieder zurückholen." Da fiel sein Blick auf das Schild, das Toby dem Esel umgehängt hatte. „WER WILL DIESEN ESEL?" las John Wetzel laut. „Ich will ihn", fügte er hinzu. „Ich danke dir, daß du ihn gezähmt hast. Jetzt werde ich wenigstens keinen Ärger mehr mit ihm haben."

„Toby!" rief Linda.

Toby reichte Mike die Zügel und kam auf Linda und

Wetzel zu. „Verschwinden Sie von hier!“ befahl er dem Bauern und versuchte so männlich wie möglich zu klingen.

„Was sagst du da, du Rotzjunge? Ich soll verschwinden?“ fuhr Wetzel Toby an. „Dir hat wohl auch keiner gute Manieren beigebracht? Ich habe das Recht, hier zu sein, wie jeder andere auch. Ich habe schließlich Eintrittsgeld bezahlt. Ich will nur meinen Esel zurückhaben. Ich habe deiner Freundin hier schon gesagt, daß er mir gehört, und deshalb kommt er jetzt mit mir.“ Er stieß Toby beiseite und bahnte sich den Weg zu Pedro frei.

Mike hatte gerade ein Mädchen aus dem Sattel gehoben und wandte sich mit zugekniffenen Augen John Wetzel zu. „Sie haben hier nichts verloren, Wetzel“, sagte er. „Und wagen Sie es nicht, das Mädchen oder den Jungen anzurühren! Dieser Esel hier gehört Ihnen nicht mehr. Lassen Sie daher gefälligst die Finger davon, ansonsten bekommen Sie es mit mir zu tun. Ich habe Sie schon damals in der Schule zusammengeschlagen, daß Ihnen Hören und Sehen verging, und jetzt würde es Ihnen nicht anders ergehen.“

„Das möchte ich sehen!“ erwiderte Wetzel gelassen und griff nach Pedros Zügel. Mike wollte sich auf ihn stürzen, rutschte aber auf dem Gras aus und stürzte.

Der Esel schlug wild um sich, als Wetzel ihn abführen wollte. Toby versuchte einzugreifen, aber vergeblich. Da stürzte sich Ludwig auf den Bauern und bohrte seine scharfen Zähne in Wetzels Bein.

„Nehmt den Köter weg!“ schrie Wetzel. „Hilfe, Polizei!“

Der Esel schlug wild um sich, als Wetzel seine Zügel packte

Da packte Mike den Schäferhund an seinem Halsband und zog ihn weg von Wetzel. Die umstehenden Kinder, die auf einen Ritt mit dem Esel warteten, schrien wild durcheinander.

„Paps! Wo bist du?" rief Linda außer sich.

Plötzlich spürte sie einen starken Arm um ihre Schultern, und der Tierarzt sagte: „Wenn Sie nicht auf der Stelle verschwinden, mache ich Kleinholz aus Ihnen, Wetzel!"

„Sie haben meinen Esel gestohlen", keuchte der Bauer und rieb sich das Bein. „Ich werde Sie anzeigen!"

„Sehen Sie mich an, John Wetzel!" befahl eine energische Stimme. Maggie Rafferty stand plötzlich neben dem Bauern und schaute ihn grimmig an.

„Ah..., Fräulein Rafferty...", brummte Wetzel und rieb sich noch immer das Bein.

„Wetzel, Sie sind ein schlechter Mensch. Schon als Kind waren Sie bösartig, und ich hatte immer gehofft, daß sich das mit den Jahren legen würde. Aber das war offensichtlich nicht der Fall."

„Das ist aber mein Esel", beteuerte Wetzel. „Der Tierarzt und die beiden Kinder da haben ihn mir gestohlen. Helfen Sie mir, daß ich ihn zurückbekomme!"

Maggie schaute ihn mißtrauisch an und sagte schließlich: „Ich geben Ihnen fünfhundert Dollar für den Esel. Verkaufen Sie ihn mir dann?"

Wetzels Augen blitzten auf. Linda konnte beinahe den Fünfhundert-Dollar-Schein darin sehen.

„Fünfhundert Dollar?" fragte er ungläubig.

„Ja, in bar", erwiderte Maggie Rafferty und zog aus ihrer Hosentasche ein Bündel Dollarnoten heraus.

Dann schaute sie den Tierarzt an und meinte: „Und fünfhundert für den Tierschutzverein. Ich werde Ihnen einen Scheck ausstellen, Doktor."

„Fünfhundert in bar?" wiederholte Wetzel und kaute nachdenklich an seinem Kautabak. „Fünfhundert Dollar?"

„Entscheiden Sie sich, Wetzel. Wollen Sie das Geld, ja oder nein?" fragte Maggie ungeduldig.

Der Bauer schaute von Pedro zu Ludwig und dann vom Tierarzt zu Maggie Rafferty. „Ein faires Angebot", meinte er schließlich.

Maggie steckte ihm eine Fünfhundert-Note entgegen.

Wetzel nahm sie brummend an und stopfte sie in die Tasche seines Overalls.

„Nun gehört Pedro mir. Wetzel, Sie können nach Hause gehen. Aber merken Sie sich, sobald ich erfahre, daß Sie wieder ein Tier mißhandeln, werde ich dafür sorgen, daß Sie hinter Schloß und Riegel kommen."

Ohne ein Wort zu sagen, wandte sich Wetzel ab und marschierte davon. Gleich darauf war er in der Menschenmenge verschwunden.

Linda ging auf Maggie zu und umarmte sie stürmisch. „Vielen Dank, Maggie. Sie haben Pedro das Leben gerettet", sagte sie überglücklich.

„Ja, ich glaube, das habe ich", entgegnete Maggie. „Aber nun muß ich erst mal überlegen, was ich mit ihm anfange. Hast du eine Idee?"

„Im Augenblick nicht, aber ich bin sicher, es wird uns was einfallen."

*

„Sieh mal, Linda!“ rief Toby, als die beiden eine Woche später im Tier-Treff beschäftigt waren.

„Was gibt's?“ wollte Linda wissen, die gerade auf dem Notizblock ihrem Vater eine Nachricht hinterließ. Er sollte dringend zu einem Bauern kommen, der ein krankes Pferd hatte. „Kannst du es mir nicht auch sagen?“

„Nein, du mußt schon herkommen!“

Linda stand vom Schreibtisch auf und ging zu Toby ans Fenster. „Und was willst du mir zeigen?“ fragte sie.

Doch dann sah sie es mit eigenen Augen: Auf dem Parkplatz vor der Klinik stand ein nagelneuer Pferdewagen, an den Pedro gespannt war. Und auf dem Wagen thronte Maggie Rafferty. Auf dem Kopf trug sie einen mit Blumen geschmückten Strohhut, der nicht gerade zu ihrer ausgeleierten Jeans und dem karierten Wollhemd paßte.

Neben ihr saß Ludwig und ließ die Zunge heraushängen. Er sah aus, als lache er.

Linda beobachtete, wie Maggie vom Wagen stieg und einen Katzenkorb hervorholte. Sie stellte ihn auf den Boden, während sie Pedro an einem Baum festband. Dann ging sie mit dem Korb auf den Eingang zu.

Linda lief ihr entgegen, um ihr die Tür zu öffnen.

„Ich habe Calico mitgebracht, sie muß wieder einmal gründlich untersucht werden“, sagte Maggie. „Jetzt, da ich Pedro habe, kann ich sie selbst herbringen. Sag deinem Vater, daß ich da bin.“

„Sofort“, sagte Linda und eilte davon, um ihrem Vater die nächste Patientin anzukündigen. Dabei strahlte sie über das ganze Gesicht.

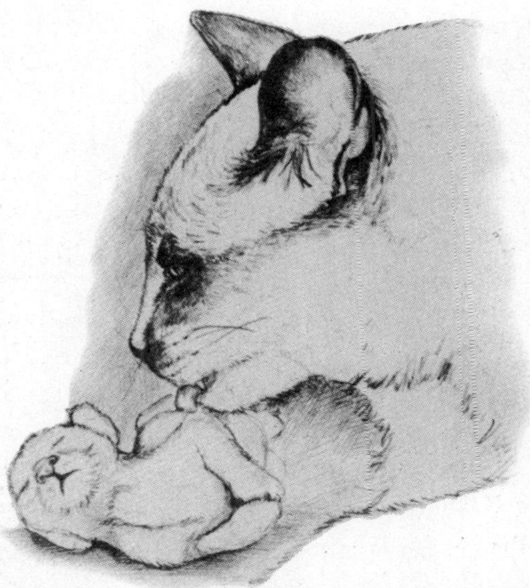